四川格西沟国家级自然保护区

常见鸟类识别手册

A Photographic Guide to the
Birds of Sichuan Gexigou National Nature Reserve

杨楠 刘娇 主编

商务印书馆
创于1897
The Commercial Press

本书编委会

主编：杨楠　刘娇

编委（按姓氏汉语拼音排序）：

陈雪　杜蓓蓓　何兴成　李八斤　李斌　李波　李刚　刘虹
刘伟　鲁碧耕　罗让贡布　覃瑞　阙品甲　冉江洪　施岁康
万佳玮　王彬　谢凡　杨国毅　张永　张永东　钟金城
周华明

本书得到了四川省自然科学基金项目（2022NSFSC0130）和四川格西沟国家级自然保护区 2019 年中央财政禁止开发区补助资金项目的共同资助。

　　党的十八大以来，以习近平同志为核心的党中央，将生态文明建设纳入国家发展总体布局，提出新时代推进生态文明建设的"六项原则"：坚持人与自然和谐共生，绿水青山就是金山银山，良好生态环境是最普惠的民生福祉，山水林田湖草是生命共同体，用最严格制度最严密法治保护生态环境，共谋全球生态文明建设。

　　四川省甘孜藏族自治州雅江县地处四川省西部，雅砻江中游，青藏高原东南部横断山脉中段，大雪山脉与沙鲁里山脉之间的山原地带，位于全球 36 个生物多样性热点地区之一的中国西南山地区域内。雅江县内大部分地区的海拔均在 3 000 m 以上，受青藏高原复杂地形的影响，呈青藏高原型气候和大陆性气候特征，属大陆性季风高原型气候。特殊的自然地理条件造就了雅江县丰富多样的动植物物种。

　　四川格西沟国家级自然保护区成立于 1993 年，位于雅江县河口镇，地理坐标100° 51′ 15″ ~101° 00′ 13″ E，29° 52′ 30″ ~30° 05′ 30″ N，南北长 23.56 km，东西宽 15.29 km，总面积 22 896.8 hm²。保护区地处青藏高原东缘、横断山中段，属于中国地貌三大阶梯中第一阶梯向第二阶梯过渡的区域，为长江上游构建绿色生态屏障、生态文明建设起着积极的作用。保护区内海拔在 4 000 m 以上的高山有 20 余座，且分布有面积广大的森林，植被垂直分布明显，类型复杂多样，孕育了极其丰富的野生动植物资源。鸟类是生态系统的重要组成部分，对维持生态系统的稳定性具有重要作用。鸟类多样性能够表征鸟类群落的组成结构和栖息环境，是体现生态环境质量的重要指标之一，能直接反映生态环境的优劣。

本手册编制者认同并采用了《中国鸟类分类与分布名录》（第三版，2017年12月）中的鸟类分类系统，共收录了保护区19目56科240种野生鸟类，大部分鸟类为保护区实地拍摄所得。本手册亦以严谨的态度参考国内权威资料，对每种鸟配以详细的介绍，包括中文名、学名、英文名、藏语的汉字音译（正文中缩写为藏语音译）、特征描述、生境与习性和保护级别等，以供广大野生动物保护工作者、科研人员查阅检索，同时也为观鸟爱好者提供较为实用的工具书。

最后感谢本手册在野外拍摄调查及编辑过程中的支持者与参与者，摄影师李斌、张永、周华明、顾海军、曹勇刚、阚品甲、何兴成、陈雪、胡灏禹、胡运彪，以及雅江县人民政府的罗让贡布，雅江县林业和草原局的杨国毅、施岁康、李八斤和张小芳等，四川格西沟国家级自然保护区管理处的张永东、李刚、张建红、张惠、江卫等。

目录

一、鸡形目

鸡形目鸟类是鸟纲中的一个古老类群。体形一般和家鸡相似，喙较短且粗壮，上喙稍弯曲，且略长于下喙，适于啄食。两翅短圆，初级飞羽 10 枚。尾较发达，具 12~20 枚尾羽。跗跖强健，具 4 趾，3 趾向前，1 趾向后，适丁奔走。雄鸟跗跖一般有距，有的种类雌雄均有。雌雄异色。雄鸟羽毛较艳丽。体羽多具副羽。尾脂腺发达，并多为羽毛所覆盖。嗉囊较大，砂囊肌肉发达，强而有力。

大多为陆栖，部分树栖。多生活于森林、草地和灌木丛中。善奔跑，不善长途飞行。多营巢于地面，多为留鸟。食物主要为植物芽叶、种子、果实和昆虫。雏鸟早成性。

雄鸟　李斌 拍摄

1. 斑尾榛鸡

中国特有种，国家一级重点保护野生动物

学名： *Tetrastes sewerzowi*　　　　**英文名：** Chinese Grouse　　　　**藏语音译：** 撒巴、所巴

识别特征： 中型雉类，体长 31~38 cm。雄鸟上体栗色，具显著的黑色横斑，颏、喉黑色，周边围有白色，胸和两胁淡栗色，具黑色横斑和白色或棕白色端斑，腹羽具黑白相间的横斑，尾下覆羽淡棕栗色，具宽阔的白色羽端和窄的黑色次端斑。雌鸟似雄鸟，但羽毛较淡，喉部不为黑色。虹膜褐色，喙褐色或黑褐色，跗跖黄色。

生境与习性： 主要栖息于亚高山森林草甸和有针叶树的杜鹃、山柳灌丛，也出现于云杉林及其林缘灌丛地带。除繁殖期外，多成群活动。以植物的嫩叶、嫩枝、花絮、浆果和种子为食，也食各种昆虫。繁殖期 5~7 月。营巢于云杉林、圆柏林或混交林内，多营巢于树根处的凹坑内，也有营巢于树干上天然树洞内的。

保护区分布： 见于格西沟和扎嘎寺，少见。

杨楠 拍摄

张永 拍摄

2. 雪鹑

学名：*Lerwa lerwa*　　　　英文名：Snow Partridge　　　　藏语音译：贡吓

识别特征：中型雉类，体长 34~40 cm。雌雄相似。头、颈和上体具细的黑色和皮黄白色相间排列的横斑，背部多棕栗色。尾为黑白相间的横斑。翼覆羽和初级飞羽黑褐色。次级飞羽和大覆羽具黑色和皮黄色相间横斑。次级飞羽具宽阔的白色端斑。下体栗色，腹和两胁缀有白斑。尾下覆羽亦为栗色，尖端白色。虹膜红色或血红色，喙珊瑚红色，跗跖和趾橙红色至深红色。

生境与习性：栖息于海拔 3 000~5 000 m 的高海拔针叶林及雪线附近，常在高山灌丛、高山裸岩及苔原地带活动。喜集群，除繁殖期外常成群活动。食羊茅、早熟禾、风毛菊等 40 多种植物的叶、芽、花种子及极少量动物性食物，并啄食一些沙砾。繁殖期 4~7 月。营巢于岩石洞穴或灌木、杂草丛中。

保护区分布：见于剪子弯山一带，偶见。

杨楠 拍摄　　　　　　　　　　　　　　　　　杨楠 拍摄

3. 黄喉雉鹑

中国特有种，国家一级重点保护野生动物

学名：*Tetraophasis szechenyii*　　　　**英文名**：Buff-throated Partridge　　　　**藏语音译**：克弄

识别特征：中型雉类，体长 43~49 cm。雌雄相似。头顶和头侧深灰色，头顶和枕具黑褐色中央纹。颈侧、后颈、背、腰和尾上覆羽棕褐色，腰和尾上覆羽端部较灰。中央 1 对尾羽灰褐色，具白色端斑和黑褐色虫蠹状次端斑。颏、喉和前颈棕黄色。下胸、腹和两胁内翈栗色。尾下覆羽红栗色。翅上覆羽和腋羽棕褐色，翅下覆羽具淡棕色斑。雌鸟跗跖无距。虹膜栗色，喙黑色，跗跖褐色。

生境与习性：主要栖息于海拔 3 500~4 500 m 的高山针叶林、高山灌丛和林线以上的岩石苔原地带。多成小群活动在林间地面上，夜间多栖息于低的树枝上。善于在地面行走和奔跑，不善飞行。主要以植物根、叶、芽、果实和种子为食，也取食少量昆虫。繁殖期 5~7 月。营巢于云杉和冷杉树上，偶尔营巢于地面岩石下或小灌木上，巢较隐蔽。

保护区分布：保护区海拔 3 500 m 以上的冷杉、云杉和高山栎林均有分布，极为常见。

杨楠 拍摄

杨楠 拍摄

4. 藏雪鸡

国家二级重点保护野生动物

学名： *Tetraogallus tibetanus*   **英文名：** Tibetan Snowcock   **藏语音译：** 各母

识别特征： 大型雉类，体长 49~64 cm。雌雄相似。头、颈褐灰色，上体土棕色。下体白色，下胸和腹具黑色纵纹。前额、眼先及耳羽土棕色，头顶、枕、后颈和颈侧淡灰色至褐灰色。上背和肩淡土棕色或皮黄灰色。下背和腰土棕色。颏土棕色、喉及前颈污白色，前颈有一灰褐色环带。雌鸟跗跖无距。虹膜褐色到红褐色，喙尖紫色，喙基部橙红色，跗跖和趾暗橙红色至深红色。

生境与习性： 主要栖息于海拔 3 000~6 000 m 的高山针叶林与雪线之间的灌丛、苔原和流石滩。喜结群，常成 3~5 只的小群活动。性胆怯而机警，很远发现人即逃走。主要以植物性食物为食。偶尔也取食昆虫和其他小型无脊椎动物。繁殖期 5~7 月。常营巢于多岩的陡峭崖壁背风处的草丛或灌丛中，也营巢于裸岩岩缝中。

保护区分布： 见于剪子弯山一带高海拔区域流石滩、灌草丛区域，偶见。

雄鸟　张永 拍摄

5. 勺鸡

国家二级重点保护野生动物

学名：*Pucrasia macrolopha*　　　　**英文名**：Koklass Pheasant　　　　**藏语音译**：祖钦甲吓

识别特征：中型雉类，体长 45~63 cm。雄鸟头部呈金属暗绿色，具棕褐色和黑色长冠羽，颈侧白斑下方和颈背部呈淡棕黄色，外缘黑色，形成半颈环状。上体羽毛多呈披针形，灰色，具黑色纵纹，下体中央至下腹深栗色。雌鸟体羽主要为棕褐色，头顶亦具羽冠，但较雄鸟短，耳羽下方具淡棕白色斑。下体大部为淡栗黄色，具棕白色羽干纹。虹膜褐色，喙黑褐色，跗跖和趾暗红褐色。

生境与习性：主要栖息于海拔 1 000~4 000 m 的阔叶林、针阔混交林和针叶林中。常成对或成群活动。性机警。主要以植物嫩芽、嫩叶、花、果实、种子等植物性食物为食，也取食少量昆虫、蜘蛛、蜗牛等动物性食物。繁殖期 3~7 月。常营巢于阔叶林和针阔混交林内。

保护区分布：保护区扎嘎寺和下渡沟一带较为常见。

杨楠 拍摄

6. 高原山鹑

学名：*Perdix hodgsoniae*　　　　**英文名**：Tibetan Partridge　　　　**藏语音译**：贡吓穷穷

识别特征：小型雉类，体长 23~32 cm。雌雄相似。上体棕白色或沙色，密被黑褐色横斑，后颈和颈侧赤褐色、橙棕色或黄栗色，形成环状或半环状项带。眼下有一显著的黑斑。耳覆羽暗栗色。颏、喉、胸、腹白色。头顶栗紫色，枕和后颈黑色。眼先和颊白色。背、腰和尾上覆羽棕白色。中央尾羽亦为棕白色。肩、翼上覆羽和三级飞羽棕黄色。腹白色，两胁棕白色。尾下覆羽略呈黄色。虹膜红棕色，眼周裸露部分暗红色，喙淡绿色，跗跖和趾淡绿棕色或黄绿色。

生境与习性：栖息于海拔 2 500~5 000 m 之间的高山裸岩、高山苔原及亚高山矮树丛和灌丛地带。除繁殖期外常成 10 多只的小群生活，善奔跑，受惊时亦不起飞，而是在地上疾速奔跑逃窜。主要以高山植物的叶、芽、茎、浆果、种子等植物性食物为食，也取食昆虫等动物性食物。繁殖期 5~7 月。多营巢于灌丛和草丛内，偶尔也营巢于裸露的岩石下。

保护区分布：保护区高海拔灌草丛及流石滩有分布，常见。

杨楠 拍摄

杨楠 拍摄

杨楠 拍摄

雄鸟 杨楠 拍摄

7. 血雉
国家二级重点保护野生动物

学名：*Ithaginis cruentus* 　　　　**英文名：**Blood Pheasant 　　　　**藏语音译：**智热

识别特征：中型雉类，体长 36~47 cm。雄鸟额、眼先、眉纹和颊黑色，头顶灰白，额至头侧和枕冠黑色，上体及中小覆羽灰色，具镶嵌黑边的白色轴纹，部分尾上覆羽和尾羽侧缘红色，其余两翅表面大部分栗棕色或草绿色，额、喉及上胸乌灰色，腹灰褐色。雌鸟身体大部分棕褐色，具蠹状纹，尾下覆羽较黑，额、眼先和眼的上下浅棕褐色，头顶具灰色羽冠，颏、喉棕灰色，下体余部棕褐色。虹膜乌褐色，喙黑色，跗跖和趾橙红色。

生境与习性：主要栖息于雪线附近的高山针叶林、混交林及杜鹃灌丛中。性喜成群。食物种类随季节不同，春季和冬季主要以杨树、桦树、松树等各种树木的嫩叶、芽苞为食，夏季和秋季主要以各种灌木和草本植物的嫩枝、嫩叶、果实和种子为食，也取食苔藓、地衣和部分动物性食物。繁殖期 4~7 月。常营巢于亚高山或高山针叶林和针阔混交林中，巢较密集。

保护区分布：保护区全域均有分布，常见，最大群近百只。

雌鸟　杨楠 拍摄

雄鸟　杨楠 拍摄

杨楠 拍摄

8. 白马鸡

中国特有种，国家二级重点保护野生动物

学名：*Crossoptilon crossoptilon*	英文名：White Eared Pheasant	藏语音译：吓翁

识别特征： 大型雉类，体长 80~100 cm。雌雄相似。上体体羽近纯白色，羽端分散呈发丝状。头顶密被黑色绒羽状短羽。耳羽簇白色，向后延伸成短角状，但不突出于头上。背微沾灰色。颏、喉沾棕色。尾特长，辉绿蓝色，基部灰色，末端具带金属光泽的暗绿色和蓝紫色。中央一、二对尾羽大部羽枝分散下垂。雌鸟跗跖无距。虹膜橙黄色，喙粉红色，跗跖和趾红色。

生境与习性： 主要栖息于海拔 3 000~4 000 m 的高山针叶林和针阔混交林，有时也上到林线上或林缘疏林灌丛中活动，冬季有时也下到海拔 2 800 m 左右的常绿阔叶林和落叶阔叶林带活动。喜集群，常成群活动。主要以灌木和草本植物的嫩叶、幼芽、根、花蕾、果实和种子为食。繁殖期 5~7 月。营巢于向阳坡的针叶林中，巢多位于林下灌丛中的地面上或倒木下或林中岩洞中。

保护区分布： 保护区全域均有分布，常见。

集群的白马鸡 杨楠 拍摄

雄鸟　张永 拍摄

9. 环颈雉

| 学名：*Phasianus colchicus* | 英文名：Common Pheasant | 藏语音译：甲吓妞仁 |

识别特征： 中型雉类，体长 58~90 cm，雌鸟显著小于雄鸟。雄鸟羽色华丽，颈部大多呈金属绿色，具有或不具有白色颈圈，脸部裸出，红色，头顶两侧各有一束能耸起、羽端呈方形的耳羽簇，下背和腰多为蓝灰色，羽毛边缘披散如毛发状，尾羽长而有横斑。雌鸟羽色暗淡，大多为褐色和棕黄色，杂以黑斑，尾亦较短。虹膜栗红色（雄鸟）或淡红褐色（雌鸟），喙灰色，跗跖褐色。

生境与习性： 主要栖息于低山丘陵、农田、沼泽草地以及林缘灌丛等各类开阔生境中。善于奔跑，飞行速度较快，但不持久，飞行距离短。杂食性。主要取食植物的果实、种子、芽、叶、嫩枝等，也取食昆虫和其他小型无脊椎动物。繁殖期3~7 月。主要营巢于草丛或灌丛中地上，也营巢于隐蔽的树根旁或农田中。

保护区分布： 见于格西沟，少见。

雌鸟　杨楠 拍摄

雌鸟　周华明 拍摄

二、雁形目

雁形目鸟类在全世界有 3 科：分别是叫鸭科（Anhimidae）、鹊雁科（Anseranatidae）和鸭科（Anatidae）。在我国仅分布有鸭科。

鸭科鸟类为典型游禽。体形似家鸭，系中型至大型水鸟。头较大，有的头上具冠羽。喙形状较多样化，绝大多数种类的喙呈扁平状，少数种类侧扁或较为尖细；喙尖端具角质喙甲，有的喙甲向下弯曲呈钩状。颈较细长。眼先裸露或被羽。翅狭长而尖，适于长途快速飞行。初级飞羽 10~11 枚。翅上多具有白色或其他色彩且富有金属光泽的翼镜。尾通常较短，少数种类尾较长。跗跖短健，位于体躯后部。具 4 趾，3 前 1 后，前趾间具蹼或半蹼，后趾短小，着生位置较前趾为高，行走时不着地。爪钝而短。

栖息于各类不同水域中。多善游泳，有的亦善潜水。常成群活动。食性多为杂食性。繁殖期主要以水生昆虫、贝类、甲壳类、鱼类等动物性食物为食，非繁殖期则多以水生植物等植物性食物为食。营巢于沼泽、水边灌丛、芦苇和水草丛中，也有种类营巢于水边洞穴、地上、岩洞、树上或树洞中。

杨楠 拍摄

10. 斑头雁

学名：*Anser indicus*　　　英文名：Bar-headed Goose　　　藏语音译：俄巴

识别特征： 中型雁类，体长 62~85 cm。雌雄相似，雌鸟略小。通体以灰褐色为主，头和颈侧白色，头顶有两道黑色横斑。头部白色向下延伸，在颈的两侧各形成一道白色纵纹。后颈暗褐色。背部淡灰褐色，羽端缀有棕色，形成鳞状斑。翼覆羽灰色，外侧初级飞羽灰色。亚成鸟头顶至颈后灰黑色，无黑色横斑。虹膜暗棕色，喙橙黄色，喙尖黑色，跗跖橙黄色。

生境与习性： 繁殖于高原湖泊，尤喜咸水湖，也选择淡水湖和开阔多沼泽地带。性喜集群，繁殖期、越冬期和迁徙季节均成群活动。性机警，见人接近即高声鸣叫，并立即飞走到离入侵者较远的地方。主要以禾本科和莎草科植物的叶、茎和豆科植物的种子等植物性食物为食，也取食贝类等软体动物和其他小型无脊椎动物。常在 3 月末 4 月初进入繁殖期。多营巢在人迹罕至的湖边或湖心岛上，偶尔营巢于悬崖和矮树上。

保护区分布： 见于雅砻江沿岸，偶见。

11. 赤麻鸭

学名： *Tadorna ferruginea*　　　**英文名：** Ruddy Shelduck　　　**藏语音译：** 吓俄巴

识别特征： 大型鸭类，体长 51~68 cm，比家鸭稍大。雌雄相似。全身赤黄褐色，翅上有明显的白色翼斑和铜绿色翼镜。雄鸟有一黑色颈环，腰羽棕褐色，尾和尾上覆羽黑色，小翼羽及初级飞羽黑褐色，次级飞羽外翈辉绿色，形成鲜明的绿色翼镜，三级飞羽外侧 3 枚外翈棕褐色，下体棕黄褐色，腋羽和翼下覆羽白色。雌鸟体色稍淡，头顶和头侧近白色，颈部无黑色颈环。虹膜暗褐色，喙和跗跖黑色。

生境与习性： 栖息于江河、湖泊、河口、水塘及其附近的草原、荒地、沼泽等各类生境中。繁殖期成对生活，非繁殖期以家族群和小群生活，有时也集成数十只的大群。性机警。主要以水生植物的叶、芽、种子等植物性食物为食，也取食昆虫、甲壳动物、蚯蚓、蛙类和鱼类等动物性食物。繁殖期 4~6 月。营巢于开阔草地上的天然洞穴或其他动物的废弃洞穴，偶尔营巢于崖壁凹陷处。

保护区分布： 见于雅砻江沿岸，常见。

左雄右雌　张永 拍摄

12. 绿头鸭

学名：*Anas platyrhynchos*	英文名：Mallard	藏语音译：曲亚友俄

识别特征： 大型鸭类，体长 47~62 cm，体形和家鸭相似。雄鸟喙黄绿色，跗跖橙黄色，头和颈辉绿色，颈部有一明显的白色颈环，上体褐色，腰和尾上覆羽黑色，两对中央尾羽亦为黑色，且向上卷曲成钩状，外侧尾羽白色，胸栗色，翅、两胁和腹灰白色，具蓝紫色翼镜，翼镜上下缘具宽的白边，飞行时极为醒目。雌鸟整体棕褐色，喙黑褐色，喙端暗棕黄色，跗跖橙黄色，具蓝紫色翼镜，翼镜前后缘有宽阔的白边。虹膜棕褐色。

生境与习性： 繁殖期主要栖息于河流、湖泊、水塘、芦苇沼泽和稻田中，冬季多栖息于大的湖泊、江河和沼泽地带。除繁殖期外，常成群活动，特别是迁徙季和冬季，集群可多达上千只。善游泳。主要以植物的叶、芽、茎和种子等植物性食物为食，也取食软体动物、甲壳类、水生昆虫等动物性食物。繁殖期 4~6 月。营巢于湖泊、河流、水库、池塘等水域的岸边草丛中或倒木下的凹坑处。

保护区分布： 见于雅砻江沿岸，偶见。

李斌 拍摄　　　　　　　　　　　　　　周华明 拍摄

13. 斑嘴鸭

学名： *Anas zonorhyncha*　　　**英文名：** Eastern Spot-billed Duck　　　**藏语音译：** 曲亚曲左色

识别特征： 大型鸭类，体长 49~60 cm。雌雄相似。雄鸟从额至枕棕褐色，眉纹、眼先、颊、颈侧、颏、喉均呈淡黄白色。上背灰褐色沾棕色，具棕白色羽缘，腰、尾上覆羽和尾羽黑褐色。胸淡棕白色，杂有褐斑，腹褐色，尾下覆羽黑色，翼下覆羽和腋羽白色。雌鸟上体后部颜色较淡，下体自胸以下均淡白色，杂以暗褐色斑，喙端的黄斑略小于雄鸟。虹膜黑褐色。喙黑色，具橙黄色端斑，跗跖橙黄色。

生境与习性： 斑嘴鸭是我国数量最多和最为常见的鸭类之一。主要栖息在各类大小湖泊、水库、江河、水塘、河口、沙洲和沼泽地带。除繁殖期外，常成群活动，也与其他鸭类混群。善游泳。主要取食植物的嫩枝叶、果实和种子等，亦取食部分昆虫和螺类。繁殖期 5~7 月。营巢于湖泊、河流等水域的岸边草丛或芦苇丛中。

保护区分布： 见于雅砻江沿岸，偶见。

14. 绿翅鸭

学名： *Anas crecca*　　　　　　**英文名：** Green-winged Teal　　　　　　**藏语音译：** 曲亚友旭

识别特征： 小型鸭类，体长约 37 cm。雄鸟头至颈部深栗色，头顶两侧从眼开始有一条宽阔的绿色带斑，尾下覆羽黑色，两侧各有一黄色三角形斑。飞行时，雌雄鸟翅上金属光泽的翠绿色翼镜和翼镜前后缘的白边非常醒目。雌鸟上体暗褐色，具棕色或棕白色羽缘，下体白色或棕白色，杂以褐色斑点，下腹和两胁具暗褐色斑点，翼镜较雄鸟小，尾下覆羽白色，具黑色羽轴纹。虹膜淡褐色，喙黑色，跗跖棕褐色。

生境与习性： 主要活动于湖泊、江河、河口和沼泽地带。喜集群，特别是迁徙季节和冬季，常集成数百只甚至上千只的大群活动。飞行疾速，头向前伸直，常呈直线或 "V" 字队形集群飞行。冬季以植物性食物为主，特别是水生植物的种子和嫩叶。其他季节除取食植物性食物外，也取食螺、甲壳类、水生昆虫和其他小型无脊椎动物。繁殖期 5~7 月。营巢于湖泊、河流等水域的岸边或附近草丛和灌木丛的地上。

保护区分布： 见于雅砻江沿岸，偶见。

雌鸟　杨楠 拍摄　　　　　　　　　　　　　雄鸟　李斌 拍摄

15. 琵嘴鸭

学名： *Spatula clypeata*　　　**英文名：** Northern Shoveler　　　**藏语音译：** 曲亚曲左切波

识别特征： 中型鸭类，体长 43~56 cm。雄鸟头至上颈暗绿色并具光泽，背黑色，背的两边以及外侧肩羽和胸白色，且连成一体，翼镜金属绿色，腹和两胁栗色，喙大而扁平，先端扩大成铲状，形态特别，很容易辨认。雌鸟略小于雄鸟，整体灰褐色，但凭它大而呈铲状的喙，亦容易和其他鸭类相区别。虹膜雄鸟为金黄色，雌鸟为淡褐色，喙雄鸟为黑色，雌鸟为黄褐色，跗跖橙红色。

生境与习性： 栖息于开阔地带的河流、湖泊等水域，也出现于高原湖泊、小水塘和河口地带。常成对或成 3~5 只的小群，偶尔单只活动，在迁徙季节亦集成较大的群体。常漫游在水边浅水处。主要以软体动物、甲壳类、水生昆虫、鱼、蛙等动物性食物为食，也取食水藻、草籽等植物性食物。繁殖期常为 4 月中旬至 6 月末。营巢于水域附近的地上草丛中。

保护区分布： 见于雅砻江沿岸，少见。

左雌右雄　顾海军 拍摄

16. 赤嘴潜鸭

学名： *Netta rufina*　　　　**英文名：** Red-crested Pochard　　　　**藏语音译：** 曲亚曲左马

识别特征： 大型鸭类，体长 45~55 cm。雄鸟头浓栗色，具棕黄色羽冠。上体暗褐色，下体黑色，两胁白色，特征极明显，野外容易辨别。雌鸟通体褐色，头的两侧、颈侧以及颏和喉灰白色。雄鸟非繁殖羽似雌鸟，但羽色整体较暗，喙部红色较多。虹膜雄鸟为红色，雌鸟棕褐色，喙雄鸟红色，雌鸟灰褐色，跗蹠雄鸟橙黄色，雌鸟褐色。

生境与习性： 主要栖息在开阔的淡水湖泊、水流较缓的江河、河流与河口地带。性迟钝而不甚怕人，常成对或小群活动。主要通过潜水取食，也常尾朝上、头朝下在浅水区觅食。食物主要为水藻、眼子菜和其他水生植物的嫩芽、茎和种子。繁殖期 4~6 月。常营巢于多芦苇和蒲草的湖心岛上，以及水边草丛和芦苇丛中。

保护区分布： 见于雅砻江沿岸，少见。

雄鸟　张永 拍摄

17. 普通秋沙鸭

学名： *Mergus merganser*　　　**英文名：** Common Merganser　　　**藏语音译：** 曲亚曲左仁

识别特征： 大型鸭类，体长约 68 cm。雄鸟头和上颈黑褐色，具绿色金属光泽，枕部有短的黑褐色冠羽。下颈、胸以及整个下体和体侧白色，背黑色，翅上有白斑，腰和尾灰色。雌鸟头和上颈棕褐色，上体灰色，下体白色，冠羽短，喉白色。虹膜暗褐色或褐色，喙细长，尖端具钩，暗红色，跗跖红色。

生境与习性： 繁殖期主要栖息于森林附近的江河、湖泊和河口地带及开阔的高原地区水域。常成小群，迁徙期间和冬季也常集成数十甚至上百只的大群，偶尔单只活动。主要通过潜水觅食。主要取食水生昆虫、鱼、蛙、甲壳类、软体动物等水生动物。繁殖期 5~7 月。常营巢于紧靠水边的天然树洞中，偶尔也在岸边岩石缝隙、岩穴、灌丛与草丛中营巢。

保护区分布： 见于雅砻江沿岸，偶见。

雌鸟 李斌 拍摄

雌鸟和幼鸟 杨楠 拍摄

三、䴙䴘目

小至中型水禽。典型游禽，雌雄相似。体形似鸭，但喙细直而尖，体肥胖而扁平，眼先裸露，颈较细长，翅短小，初级飞羽12枚，其中第一枚退化。尾甚短小，仅由少许绒羽构成，看起来似有似无，尾脂腺被羽。下体羽毛甚厚密，银白色，不透水。脚短，位于身体后部。跗跖侧扁。具4趾，前3后1，均具瓣状蹼，前3趾的中趾内缘呈锯齿状，后趾短小或缺失，且位置较高。

栖息于江河、湖泊、水塘和沼泽地带。善游泳和潜水，陆地行走困难，不善飞行，几乎终生都在水中生活，很少上到陆地。以鱼和水生无脊椎动物为食。营巢于水边芦苇丛和水草丛中。巢多为浮巢，由芦苇和水草的叶子构成。

杨楠 拍摄

18. 小䴙䴘

四川省重点保护野生动物

学名：_Tachybaptus ruficollis_   **英文名：**Little Grebe   **藏语音译：**曲序

识别特征：小型游禽，体长 23~32 cm，是䴙䴘中体型最小的一种。繁殖羽头和上体黑褐色，颊、颈侧和前颈栗红色，臀部呈灰白色，上胸灰褐色，其余下体白色，两胁灰褐色，后侧沾有红棕。非繁殖羽上体灰褐色，下体白色，颊、耳羽和颈侧淡棕褐色，前颈淡黄色，前胸和两胁淡黄褐色。虹膜黄色，喙黑色，跗跖石板灰色。

生境与习性：栖息于湖泊、池塘和沼泽地带。多单独或成对活动，有时也集成十余只的小群。善游泳和潜水，在陆地上亦能行走。飞行力弱。主要以各种小型鱼类为食，也取食虾、蜻蜓幼虫、蝌蚪、软体动物和蛙等，偶尔也取食水草等水生植物。繁殖期 5~7 月。营巢于有水生植物的湖泊和水塘岸边浅水处的水草丛中。

保护区分布：见于雅砻江沿岸下渡村附近，少见。

四、鸽形目

中小型鸟类。头小、颈粗短，多数种类喙短细。上喙基部多膨胀而柔软，被有软的皮质膜或蜡膜。喙尖端稍微弯曲。鼻孔呈缝隙状或被羽掩盖。翅尖长，或稍圆。跗跖短健。具4趾，前3后1，后趾与前3趾同在一平面上，有的种类缺后趾，有的种类趾被羽。尾脂腺裸露或退化。部分种类的嗉囊发达。

栖息于森林、平原、荒漠、岩石等各类生境中。成对或成群活动。多以"鸽乳"育雏，以植物果实与种子为食。营巢于岩穴或树枝杈间，偶尔也营巢于地面草丛中。雏鸟晚成性。

杨楠 拍摄

杨楠 拍摄

19. 岩鸽

学名： *Columba rupestris*　　　　**英文名：** Hill Pigeon　　　　**藏语音译：** 波热破吓

识别特征： 体长 29~35 cm，体形和羽色均与家鸽相似。雌雄相似。头部岩灰色，颈亮紫绿色，上背及肩褐灰色，下背及腰白色，尾上覆羽暗灰色，尾羽基色部暗灰色而端黑，中间有一道宽阔的白色横斑，初级飞羽的外翈和先端暗褐色，其余两翅表面褐灰色，次级飞羽和大覆羽近端黑色，形成两道翼斑。胸亮紫色沾灰色，下体余部褐灰色。虹膜橙黄色，喙黑色，跗跖和趾暗红或朱红色。相似种家鸽腰和尾上无白色横带，野外不难区别。

生境与习性： 主要栖息于山地岩石和悬崖峭壁处，最高可达海拔 5 000 m 以上的高山和高原地区。常成小群活动，有时也结成近百只的大群。性较温顺，不甚怕人。叫声"咕咕"，和家鸽相似。主要以植物种子、果实、球茎、块根等植物性食物为食，也取食各种农作物种子。繁殖期 4~7 月。营巢于山地岩石缝隙和岩壁洞穴中。

保护区分布： 保护区全域可见，较常见。

杨楠 拍摄

周华明 拍摄

杨楠 拍摄

20. 雪鸽

学名：*Columba leuconota*	英文名：Snow Pigeon	藏语音译：波热破呷

识别特征： 体长 26~37 cm。雌雄相似。头石板灰色，远处看起来近黑色。上背灰褐色，下背白色，尾和尾上覆羽黑色，尾中部有一宽阔的白色横斑，翅上有两道宽阔的黑色横斑。下体白色。虹膜金黄色，喙黑色，跗跖和趾亮红色。

生境与习性： 一般栖息于海拔 2 000~4 000 m 的高山悬崖地带，或高海拔地区的裸岩河谷和岩壁上。常成群活动。主要以草籽、农作物的种子以及浆果等植物性食物为食。繁殖期 4~7 月。1 年或许可成功繁殖 2 次，常集群繁殖。常营巢于人类难以到达的悬崖峭壁缝隙中。

保护区分布： 见于剪子弯山一带，偶见。

张永 拍摄

21. 山斑鸠

学名： *Streptopelia orientalis*　　　　**英文名：** Oriental Turtle Dove　　　**藏语音译：** 波丁格巴吓

识别特征： 体长 28~36 cm。雌雄相似。上体大部褐色，颈两侧具有黑色和蓝灰色颈斑，肩具显著的红褐色羽缘，尾黑色并具灰白色端斑，飞行时呈扇形散开，极为醒目。下体为浅酒红色，颏、喉棕色沾粉红色，胸沾灰色，腹淡灰色，两胁、腋羽及尾下覆羽蓝灰色。虹膜金黄色或橙色，喙铅蓝色，跗跖暗红色，爪褐色。

生境与习性： 常见于低山区。多栖息于低山丘陵、平原、山地阔叶林、混交林、次生林、果园和开阔农耕地。常成对或成小群活动。主要取食各种植物的果实、种子、嫩叶、幼芽。繁殖期 4~7 月。营巢于树上，偶尔营巢于灌丛中。

保护区分布： 见于下渡沟和格西沟，偶见。

033

杨楠 拍摄

22. 火斑鸠

学名： *Streptopelia tranquebarica*　　　　**英文名：** Red Turtle Dove　　　　**藏语音译：** 波丁俄吓

识别特征： 体长 20~23 cm。雄鸟头和颈蓝灰色，后颈有黑色半颈环，背、胸和上腹暗葡萄红色，飞羽黑色，外侧尾羽黑色，末端白色。雌鸟上体灰褐色，下体较淡，后颈黑色半颈环较雄鸟细，似灰斑鸠，但中央尾羽末端黑色。虹膜暗褐色，喙黑色，跗跖和趾褐红色。

生境与习性： 主要栖息于开阔田野以及村庄附近，喜停在电线或高大的枯枝上。常成对或成群活动，有时亦与山斑鸠和珠颈斑鸠混群活动。飞行甚快，常发出"呼呼"的振翅声。主要以植物种子和果实为食。繁殖期 2~8 月。常营巢于乔木上。

保护区分布： 见于剪子弯山，少见。

杨楠 拍摄

23. 珠颈斑鸠

学名： *Streptopelia chinensis*　　**英文名：** Spotted Dove　　**藏语音译：** 波丁革体纳

识别特征： 体长 27~34 cm。雌雄相似。头灰色，上体大部褐色，下体粉红色，后颈有宽阔的黑色，其上满布以白色细小斑点形成的颈斑。尾甚长，外侧尾羽黑褐色，末端白色，飞行时极明显。喙暗褐色，跗跖和趾红色。

生境与习性： 栖息于有稀疏树木生长的平原、草地、低山丘陵和农田地带，也常出现于村庄附近的杂木林、竹林中。常成小群活动。主要以植物种子为食，特别是农作物种子，有时也取食蜗牛、昆虫等动物性食物。繁殖期 3~7 月。常营巢于乔木或灌木上，偶尔营巢于人工建筑上。

保护区分布： 保护区低海拔区域偶见，例如格西沟和下渡沟沟口。

五、夜鹰目

CAPRIMULGIFORMES

保护区分布的夜鹰目鸟类包括夜鹰科（Caprimulgidae）和雨燕科（Apodidae）2个科。

其中，夜鹰科鸟类属于中小型鸟类。头大而较平扁。喙短，基部宽阔；口角处有粗长的嘴须，或虽无嘴须而眼先羽毛特化成须状。翅狭长，初级飞羽10枚，飞行时几乎无声响。尾较长，尾羽10枚。跗跖短，被羽或裸出，具4趾，3前1后，向前3趾以微蹼相连或多少有些合并，中趾较长。主要栖息于森林中。夜行性，白天多隐伏于森林中的树上，黄昏以后才开始活动。羽色暗淡，几乎与树枝融为一体。主要以昆虫为食。营巢于森林中的树上或地上。

雨燕科鸟类均为小型鸟类，嘴短阔而平扁，或纤细如针。肱骨短小，翅狭长而尖，次级飞羽短且少，适于快速飞行。尾多为叉形，尾羽10枚。跗跖短弱，大多被羽，具4趾，4趾均向前，或后趾能前后转动。主要在空中生活，常成群在空中飞行和捕食。食物主要为昆虫。

张永 拍摄

24. 普通夜鹰　　　　　　　　　　　　　四川省重点保护野生动物

学名： *Caprimulgus indicus*　　　**英文名：** Grey Nightjar　　　**藏语音译：** 吾巴仲呷

识别特征： 体长 26~28 cm。雌雄相似。上体灰褐色，密杂以黑褐色和灰白色虫蠹斑。颏、喉黑褐色，下喉具一大型白斑。胸灰白色，密杂以黑褐色虫蠹斑和横斑，腹和两胁棕黄色，密杂以黑褐色横斑。外侧尾羽具白色端斑。尾下覆羽红棕色或棕白色，杂以黑褐色横斑。虹膜暗褐色，喙黑色，跗跖和趾肉褐色。

生境与习性： 主要栖息于海拔 3 000 m 以下的阔叶林和针阔混交林，也出现于针叶林、林缘疏林、灌丛以及农田地带的竹林内。单独或成对活动。夜行性，白天多蹲伏于林中草地上或卧伏在阴暗的树干上。飞行快速而无声。主要以昆虫为食。繁殖期 5~8 月。无巢，直接产卵于树下或灌木旁边的地面上。

保护区分布： 见于下渡村附近，少见。

周华明 拍摄

25. 白喉针尾雨燕

四川省重点保护野生动物

学名： *Hirundapus caudacutus* **英文名：** White-throated Needletail **藏语音译：** 巴巴旭仁各呷、苦打

识别特征： 体长 19~21 cm。雌雄相似。翅狭长，黑色，具紫绿色金属光泽。尾短，具蓝绿色金属光泽，羽轴末端突出成针状。颏、喉白色，两胁和尾下覆羽白色，飞行时从下面可见一马蹄形白斑。相似种白腰雨燕体型较小，尾呈叉状，喉和腰白色，其余体羽黑褐色，下体无马蹄形白斑。虹膜褐色，喙黑色，跗跖和趾肉色。

生境与习性： 主要栖息于山地森林、河谷等开阔地带。常成群飞行在森林上空，尤其是开阔的林中河谷地带，有时亦见单只或成对飞行。飞行快速，是鸟类中飞行速度最快的种类之一。主要以双翅目、鞘翅目等飞行性昆虫为食。多在较高处边飞边捕食，有时也近地面或水面低空飞行捕食。繁殖期 5~7 月。营巢于悬崖石缝和树洞中。

保护区分布： 见于县城附近，偶见。

26. 白腰雨燕

学名: *Apus pacificus*　　　**英文名:** Fork-tailed Swift　　　**藏语音译:** 巴巴旭仁格巴呷、苦打

识别特征: 体长 17~20 cm。雌雄相似。上体包括两翼和尾大部黑褐色,头顶至上背具淡色羽缘,下背、两翅表面和尾上覆羽微具光泽,亦具近白色羽缘。腰白色,具细的暗褐色羽干纹。颏、喉白色。其余下体黑褐色。两翅狭长,尾呈深叉状。虹膜棕褐色,喙黑色,跗跖和趾紫黑色。相似种白喉针尾雨燕体型较大,腰亦不为白色,尾不为叉状,易区别。

生境与习性: 主要栖息于陡峭的山坡、悬岩,偏好靠近河流、水库等水源附近的悬崖峭壁。喜成群,常成群地在栖息地上空来回飞行。飞行速度甚快。主要以各种昆虫为食,在飞行中捕食。繁殖期 5~7 月。营巢于临近河边的悬崖石缝中。

保护区分布: 见于县城附近,偶见。

六、鹃形目

CUCULIFORMES

中小型鸟类。体形似鸽而瘦长。喙长度适中，上喙基部无蜡膜，先端尖而微曲，不具钩。翅短圆或尖长，初级飞羽 10 枚，尾较长，一般与翅等长或较翅长。多为凸尾或圆尾，尾羽 8~10 枚。跗跖短弱，具 4 趾，呈对趾型，外趾能反转。雌雄大多羽色相似。

主要栖息于森林中。树栖性，喜独居。常隐栖于林间，不易发现。叫声单调洪亮，有时彻夜鸣叫。主要以昆虫为食。部分种类为巢寄生鸟类，将卵产于其他鸟类的巢中，由其他鸟类代孵和喂养。

雄鸟　杨楠 拍摄

27. 噪鹃

学名： *Eudynamys scolopaceus*　　　　**英文名：** Common Koel　　　　**藏语音译：** 可友里纳

识别特征： 体长 37~43 cm。喙、跗跖均较大杜鹃粗壮。雄鸟通体黑色，具蓝色光泽，下体沾绿色，脚蓝灰色。雌鸟上体暗褐色，略具金属绿色光泽，并满布整齐的白色小斑点，头部白色斑点略沾皮黄色，且较细密，常呈纵纹状排列，背、翼上覆羽、飞羽以及尾羽具横斑，颏至上胸黑色，密被粗的白色斑点，其余下体白色具黑色横斑。虹膜深红色，喙白色至土黄色，基部较灰暗，跗跖淡绿色。

生境与习性： 栖息于山地、丘陵和平原地带林木茂盛的地方。多单独活动。常隐蔽于大树顶层茂盛的枝叶丛中。鸣声嘈杂、清脆而响亮，常越叫越高越快，至最高时又突然停止。主要以植物果实、种子为食，也取食昆虫等动物性食物。繁殖期 3~8 月。巢寄生繁殖，常将卵产于喜鹊和红嘴蓝鹊等鸟类的巢中。

保护区分布： 见于下渡沟附近，少见。

28. 大鹰鹃

四川省重点保护野生动物

学名: *Hierococcyx sparverioides*　**英文名:** Large Hawk Cuckoo　**藏语音译:** 可友体察、谷谷体察

识别特征: 体长 35~42 cm。雌雄相似。头和颈侧灰色,眼先近白色。上体和两翅表面淡灰褐色,尾上覆羽较暗,具宽阔的次端斑和窄的近灰白色或棕白色端斑。尾灰褐色。次级飞羽内翈具多道白色横斑。颏暗灰色至近黑色,其余下体白色。喉、胸具栗色和暗灰色纵纹,腹部具较宽的暗褐色横斑。虹膜黄色至橙色,喙暗褐色,下喙端部和嘴裂淡绿色,跗跖橙色至黄色。

生境与习性: 栖息于山地森林中,亦出现于平原树林地带。常单独活动,多隐藏于树顶部枝叶间鸣叫。鸣声清脆响亮。主要以昆虫为食,喜食鳞翅目幼虫、蝗虫、蚂蚁和鞘翅目昆虫。繁殖期 4~7 月。巢寄生繁殖,常将卵产于橙翅噪鹛、钩嘴鹛等鸟类的巢中。

保护区分布: 见于下渡沟附近,偶见。

周华明 拍摄

29. 中杜鹃

学名： *Cuculus saturatus*　　　　**英文名：** Himalayan Cuckoo　　　　**藏语音译：** 可友、谷谷

识别特征： 体长 25~34 cm。雌雄相似。额、头顶至后颈灰褐色，背、腰及尾上覆羽蓝灰褐色，翅暗褐色，翼上小覆羽略沾蓝色。初级飞羽内翈具白色横斑。中央尾羽黑褐色，羽端微具白色，外侧尾羽褐色。颏、喉、前颈、颈侧至上胸银灰色，下胸、腹和两胁白色，具宽的黑褐色横斑。虹膜黄色，喙铅灰色，跗跖黄色。

生境与习性： 栖息于山地针叶林、针阔混交林和阔叶林等茂密的森林中。常单独活动，多站在高大而茂密的树上不断鸣叫。鸣声低沉，单调，其声似"嘣嘣"。性较隐匿。主要以昆虫为食，喜食鳞翅目幼虫和鞘翅目昆虫。繁殖期 5~7 月。巢寄生繁殖，将卵产于柳莺等雀形目鸟类的巢中。

保护区分布： 见于扎嘎寺附近林区，少见。

杨楠 拍摄　　　　　　　　棕色型雌鸟　李斌 拍摄

30. 大杜鹃

学名： *Cuculus canorus*　　　**英文名：** Common Cuckoo　　　**藏语音译：** 可友切波、谷谷切波

识别特征： 体长 29~37 cm。雌雄相似。额浅灰褐色，头顶、枕至后颈暗银灰色。背暗灰色，腰及尾上覆羽蓝灰色，中央尾羽黑褐色。两侧尾羽浅黑褐色。两翅内侧覆羽暗灰色，外侧覆羽和飞羽暗褐色。颏、喉、前颈、上胸、头侧和颈侧淡灰色，其余下体白色，并杂以黑褐色细窄横斑。胸及两胁横斑较宽，腹部和尾下覆羽横斑渐细而疏。虹膜黄色，喙黑褐色，下喙基部近黄色，跗跖棕黄色。

生境与习性： 栖息于山地、丘陵和平原地带的森林中，有时也出现于农田和居民点附近高大的乔木树上。性孤独，常单独活动。繁殖期间喜欢鸣叫，鸣声似"布谷"。主要以松毛虫、舞毒蛾、松针枯叶蛾以及其他鳞翅目幼虫为食，也取食蝗虫、蜜蜂等其他昆虫。繁殖期 5~7 月。巢寄生繁殖，将卵产于多种雀形目鸟类的巢中。

保护区分布： 见于保护区高山草甸区域，夏季常见。

七、鹤形目

本目鸟类除少数种类外均为涉禽。个体大小变化较大，从小型到大型均有。一般颈、脚均较长，胫部通常裸露无羽。具4趾或3趾，不具蹼或仅微具蹼，部分种类后趾退化或缺失。

大多生活于湿地和草地坏境中，营巢于水域附近地上。雏鸟早成性。食物主要为昆虫、鱼类等动物性食物，也吃植物叶、芽、果实和种子。飞行时头颈向前直伸，两脚向后伸直。

李斌 拍摄

31. 白骨顶

学名：*Fulica atra*　　　　　　**英文名**：Common coot　　　　　　**藏语音译**：曲吓各纳

识别特征：体长 35~43 cm。雌雄相似。喙和额板白色，头顶、头侧、眼先、后颈辉黑色。上体余部灰黑褐色。飞羽灰褐色，富有光泽。颏、喉黑色，杂有白色。其余下体暗灰色，胸和腹杂有白色。虹膜红褐色，跗跖、趾和瓣蹼暗绿色。

生境与习性：栖息于低山丘陵和平原草地，以及荒漠与半荒漠地带的各类水域中。善游泳和潜水，一天大部分时间都游弋在水中。除繁殖期外常成群活动。主要取食小鱼、虾、水生昆虫、水生植物嫩叶、幼芽，也取食各种藻类。繁殖期 5~7 月。营巢于有开阔水面的水边芦苇丛和水草丛中，有种内巢寄生行为。

保护区分布：见于雅砻江沿岸，下渡村附近，偶见。

杨楠 拍摄

32. 黑水鸡
四川省重点保护野生动物

学名： *Gallinula chloropus*　　　　　**英文名：** Common Moorhen　　　　　**藏语音译：** 曲吓里纳

识别特征： 体长 24~35 cm。雌雄相似。通体黑褐色，两胁具宽阔的白色纵纹，尾下覆羽两侧亦为白色，中间黑色，黑白分明，甚为醒目。腿部紧挨跗跖处有一鲜红色环带。游泳时身体露出水面较高，尾向上翘，尾后两团白斑非常明显。虹膜红色，喙端淡黄色，喙中部至额板血红色，跗跖黄绿色。

生境与习性： 栖息于长有芦苇和挺水植物的沼泽、湖泊和水库中。常成对或成小群活动。善游泳和潜水，能潜入水中较长时间和潜行达 10 m 以上。游泳时身体浮出水面很高，尾常常垂直竖起，并频频摆动。主要取食水生植物嫩叶、幼芽、根茎以及水生昆虫、蠕虫、蜘蛛、软体动物等食物，其中繁殖期以动物性食物为主。繁殖期 4~7 月。营巢于水边浅水处的芦苇丛中或水草丛中，有时也营巢于水边草丛中或水中小柳树上。

保护区分布： 见于雅砻江沿岸，少见。

李斌 拍摄

33. 灰鹤

国家二级重点保护野生动物

学名： *Grus grus*　　　　**英文名：** Common Crane　　　　**藏语音译：** 冲冲吓布

识别特征： 大型涉禽，体长 100~125 cm。雌雄相似。全身大都灰色，头顶裸露部位朱红色，并具稀疏的黑色发状短羽。眼先、枕、颊、喉，前颈和后颈灰黑色，眼后方、耳羽和颈侧灰白色。尾灰色，羽端近黑色，其余体羽灰色。虹膜赤褐色或黄褐色，喙青灰色，跗跖和趾灰黑色。

生境与习性： 栖息于开阔平原、草地、沼泽、河滩地带。偏好富有水边植物的开阔湖泊和沼泽地带。常成群活动，性机警，胆小怕人。飞行时头、颈向前伸直，脚向后直伸。杂食性，以植物根、茎、果实或种子为主，也取食昆虫、蚯蚓、蛙、蛇、鼠等。繁殖期 4~7 月。常营巢于沼泽草地中干燥的地面上。

保护区分布： 迁徙季节见于雅砻江河谷，少见。

杨楠 拍摄

34. 黑颈鹤　　　　　　　　　　　　　　　国家一级重点保护野生动物

学名： *Grus nigricollis*　　　**英文名：** Black-necked Crane　　　**藏语音译：** 冲冲呷布

识别特征： 大型涉禽，体长 110~150 cm。雌雄相似。眼先和头顶裸露，红色，颈黑色，眼后下方有一灰白色斑块。初级飞羽黑褐色。三级飞羽黑色，羽端羽枝分散成丝状，覆于尾上。尾灰黑色，羽缘沾棕色，肩羽浅灰黑色，羽端灰白色。其余体羽全为灰白色，羽缘沾淡棕色。虹膜淡黄色，喙淡黄色，跗跖和趾黑色。

生境与习性： 世界上唯一一种栖息于高原地区的鹤类。栖息于海拔 3 000~5 000 m 的高原草甸沼泽、芦苇沼泽以及湖滨草甸沼泽和河谷沼泽地带。除繁殖期常成对、单只或家族群活动外，其他季节多成群活动。主要以植物叶、根、块茎等为食。繁殖期 5~7 月。常营巢于四周环水的草墩上或茂密的芦苇丛中。

保护区分布： 迁徙季节见于雅砻江河谷，少见。

中小型水鸟。脚长，胫下部裸露无羽。趾间具蹼或不具蹼。后趾小或退化。翅狭长，第一枚初级飞羽退化，甚短小，掩盖于覆羽之下。尾大多短圆，尾羽 12 枚。

主要栖息于海滨、湖畔、河漫滩等水域沼泽地带。以甲壳类、软体动物和昆虫等动物性食物为食。营巢于地上。雏鸟早成性。多为迁徙鸟类。

八、鸻形目

CHARADRIIFORMES

杨楠 拍摄

杨楠 拍摄

35. 鹮嘴鹬 国家二级重点保护野生动物

学名： *Ibidorhyncha struthersii*   **英文名：** Ibisbill   **藏语音译：** 曲序曲左仁

识别特征： 中型涉禽，体长 37~42 cm。雌雄相似。喙长且向下弯曲，呈弧形，颜色在繁殖期为亮红色，其他季节为暗红色。跗跖短，无后趾。上体和胸灰色，胸以下白色。胸和腹之间有一窄的白色胸带和一宽的黑色胸带。头顶至喙基、脸和喉黑色，四周白色。飞行时在初级飞羽基部上可见到一大块白斑。虹膜红色，跗跖粉红色。

生境与习性： 栖息于山地、高原和丘陵地区的溪流和多砾石的河流沿岸。性机警。主要取食蠕虫、蜈蚣、各种昆虫，也取食小鱼、虾和软体动物。繁殖期 5~7 月。常营巢于河岸边砾石间或山区溪流中的裸露砾石滩上。巢简陋，主要在砾石间稍微扒成一浅坑，内无任何铺垫物，或仅放一些小圆石。

保护区分布： 见于雅砻江河谷，常见。

李斌 拍摄

张永 拍摄

36. 金眶鸻

学名：*Charadrius dubius*　　　　**英文名**：Little Ringed Plover　　　　**藏语音译**：曲序米色

识别特征：小型涉禽，体长 15~18 cm。雌雄相似。繁殖羽上体沙褐色，额具一宽阔的黑色横带，横带后有一细窄的白色横带将其和沙褐色头顶分开，眼先至耳羽有一宽的黑色贯眼纹。后颈具一白色颈环，胸部具一较宽的黑色胸带。非繁殖羽额部黑带消失，胸带褐色或不显。虹膜暗褐色，眼周金黄色，喙黑色，跗跖橙黄色或黄绿色。

生境与习性：栖息于开阔平原和低山丘陵地带的湖泊、河流、岸边以及附近的沼泽、草地和农田地带。常单独或成对活动。主要取食各种昆虫、蠕虫、蜘蛛、甲壳类、软体动物等小型无脊椎动物。繁殖期 5~7 月。营巢于河流、湖泊岸边或河心小岛及沙洲上。巢简陋，多筑于水边地面上。

保护区分布：迁徙季节见于雅砻江河谷，少见。

雄鸟繁殖羽　张永 拍摄

37. 环颈鸻

学名: *Charadrius alexandrinus*　　　　**英文名:** Kentish Plover　　　　**藏语音译:** 曲序革呷

识别特征: 小型涉禽,体长17~21 cm。雄鸟繁殖羽枕部棕色,上体沙褐色或灰褐色,具黑色半颈环,额白色,头顶具一黑色横带,胸、腹均为白色。非繁殖羽枕部灰褐色,额带、半颈环和贯眼纹均为灰褐色。雌鸟繁殖羽似雄鸟非繁殖羽。虹膜暗褐色,喙黑色,跗跖黑色。

生境与习性: 栖息于海滨沙滩、泥地、沼泽以及内流河流、湖泊、沼泽和水稻田等水域岸边。常单独或成小群活动,有时亦集成数十至上百只的大群。主要以昆虫、蠕虫、小型甲壳类和软体动物为食。繁殖期4~7月。巢简陋,常筑于海滨沙滩或附近沼泽湿地以及湖边的盐碱地上。

保护区分布: 迁徙季节见于雅砻江河谷,少见。

张永 拍摄

38. 孤沙锥

学名：*Gallinago solitaria*　　　　**英文名**：Solitary Snipe　　　　**藏语音译**：曲序波察

识别特征：小型涉禽，体长 26~32 cm。雌雄相似。头顶中央冠纹和眉纹白色。上体赤褐色，背具 4 条白色纵带。尾具黑色横斑和宽阔的棕红色次端斑。胸淡黄褐色具条纹，喉和腹白色。两胁、腋羽和翼下覆羽白色并具密集的黑褐色横斑。虹膜黑褐色，喙铅绿色，尖端黑色，下喙基部、跗跖和趾黄绿色。

生境与习性：栖息于森林中的河流和水塘岸边及林中和林缘沼泽地上。在喜马拉雅山甚至可以在海拔 5 000 m 的高山地带活动。常单独活动，不与其他鹬类和沙锥混群。多于黄昏和晚上活动。主要以蠕虫、昆虫、甲壳类等动物为食。繁殖期 5~7 月。营巢于山区溪流、湖泊、水塘岸边的草地上。

保护区分布：见于格西沟水厂附近水域，少见。

顾海军 拍摄

39. 红脚鹬

学名：*Tringa totanus* 　　英文名：Common Redshank 　　藏语音译：曲序功马

识别特征： 小型涉禽，体长 26~29 cm。雌雄相似。繁殖羽头及上体灰褐色具黑褐色羽干纹。背和翼覆羽具黑色斑点和横斑。下背和腰白色。尾上覆羽和尾白色，具窄的黑褐色横斑。额基、颊、额、喉、前颈和上胸白色具细密的黑褐色纵纹，下胸、两胁、腹和尾下覆羽白色。非繁殖羽上体为单调的灰褐色，下体白色，胸部多黑褐色细斑纹，尾部具黑褐色横斑。虹膜黑褐色，喙基部橙红色，尖端黑褐色，跗跖红色。

生境与习性： 栖息于沼泽、草地、河流、湖泊等湿地。常单独或成小群活动。主要以甲壳类、软体动物、环节动物、昆虫等各种小型无脊椎动物为食。繁殖期5~7月。常营巢于湖边、河岸和沼泽附近的地上。

保护区分布： 见于雅砻江河谷，格西沟水厂附近水域，较常见。

张永 拍摄

40. 白腰草鹬

学名：*Tringa ochropus*　　　　**英文名**：Green Sandpiper　　　　**藏语音译**：曲序格巴呷

识别特征：小型涉禽，体长 20~24 cm。雌雄相似。繁殖羽上体黑褐色具白色斑点。腰和尾白色，尾具黑色横斑，下体白色，胸具黑褐色纵纹。非繁殖羽颜色较灰，胸部纵纹不明显，为淡褐色，飞行时翅上翅下均为黑色，腰和腹白色。虹膜暗褐色，喙灰褐色或暗绿色，尖端黑色，跗跖橄榄绿色或灰绿色。

生境与习性：繁殖季节主要栖息于山地或平原森林中的湖泊、河流、沼泽和水塘附近。非繁殖期主要栖息于沿海、河口、湖泊、河流、农田与沼泽地带。常单独或成对活动。主要以虾、蜘蛛、田螺、昆虫等小型无脊椎动物为食。繁殖期 5~7 月。常营巢于森林中的河流、湖泊岸边或林间沼泽地带。

保护区分布：见于雅砻江河谷，少见。

杨楠 拍摄

41. 矶鹬

学名：*Actitis hypoleucos*　　　　**英文名**：Common Sandpiper　　　　**藏语音译**：曲序破呷

识别特征：小型涉禽，体长 16~22 cm。雌雄相似。具白色眉纹和黑色贯眼纹。上体黑褐色，下体白色。翅折叠时在翼角前方形成明显的白斑，飞行时明显可见尾两侧的白色横斑和翼上宽阔的白色翼带。虹膜褐色，喙黑褐色，下喙基部淡绿褐色，跗跖和趾灰绿色。

生境与习性：栖息于低山丘陵和平原一带的江河和湖泊岸边。夏季亦常见于高山森林的溪流地带。常单独或成对活动。性机警。常在湖泊、水塘及河边浅水处觅食。主要以鞘翅目、直翅目等昆虫为食，也取食螺、蠕虫等其他无脊椎动物和小鱼以及蝌蚪等小型脊椎动物。繁殖期 5~7 月。常营巢于江河岸边的沙滩和草丛中地上。

保护区分布：见于雅砻江河谷，偶见。

顾海军 拍摄

42. 普通燕鸥

四川省重点保护野生动物

学名： *Sterna hirundo*　　　　　**英文名：** Common Tern　　　　　**藏语音译：** 俄巴功马

识别特征： 体长 31~38 cm。雌雄相似。翅较长、窄而尖，尾呈深叉状。站立时翅尖与尾尖平齐，但不超过，长度几相等。繁殖羽额、头顶至枕黑色，背蓝灰色，下体白色，胸以下灰色，外侧尾羽外翈黑色，初级飞羽外翈亦为黑色，飞行时极明显。非繁殖羽前额、颊、颈侧和下体白色，头顶前部白色，有黑色斑点，头顶后部和枕黑色，背灰色，其余似繁殖羽。虹膜暗褐色，喙和跗跖橙黄色。

生境与习性： 栖息于湖泊、河流、水塘和沼泽地带。常呈小群活动，频繁地飞行于水域和沼泽上空。主要以小鱼、甲壳类、水生昆虫等小型动物为食，也常捕食飞行的昆虫。繁殖期 5~7 月。常营巢于湖泊和河流岸边的地上。

保护区分布： 见于雅砻江河谷，偶见。

九、鹳形目

CICONIIFORMES

中型至大型涉禽，雌雄相似。喙长，侧扁而直，呈匙状或圆锥状。眼先裸露。颈长而细。翅较长或短阔。尾短，多为平尾。脚长，胫下部裸出。具4趾，3前1后，前后趾同在一平面上，前3趾基部有蹼相连。

多生活于水边，以鱼、蛙、昆虫等动物性食物为食。多营巢于树上。

张永 拍摄　　　　　　　　　　　　　　　　　张永 拍摄

43. 黑鹳
国家一级重点保护野生动物

学名： *Ciconia nigra*　　　　　**英文名：** Black Stork　　　　　**藏语音译：** 冲冲纳波

识别特征： 大型涉禽，体长 100~120 cm。雌雄相似。喙长而直，基部较粗，往先端逐渐变细。鼻孔小，呈裂缝状。尾较圆。脚甚长，胫下部裸露，前趾基部间具蹼，爪钝而短。头、颈、上体和上胸黑色，颈具辉亮的绿色光泽。背、肩和翅具紫色和铜绿色光泽。前颈下部羽毛延长，形成蓬松的颈领。下胸、腹、两胁和尾下覆羽白色。虹膜褐色或黑色，喙和跗跖红色。

生境与习性： 栖息于河流、沼泽、山区溪流附近，也常出现在荒原和荒山附近的湖泊、水库、水塘及沼泽地带。常单独或成对活动，有时也成小群活动和飞行。主要以鲫鱼、泥鳅等小型鱼类为食，也取食蛙、软体动物、甲壳类、啮齿类、小型爬行类、雏鸟和昆虫等其他动物性食物。繁殖期 4~7 月。常营巢于河流两岸的悬崖峭壁上。

保护区分布： 迁徙季节见于雅砻江河谷，少见。

十、鲣鸟目

本目由原鹈形目的鲣鸟科（Sulidae）、鸬鹚科（Phalacrocracidae）和军舰鸟科（Fregatidae）3 科划分而成。保护区分布有鸬鹚科，共 1 种。

鸬鹚科鸟类为中等至大型水鸟。体羽黑色。喙狭长而尖，呈圆锥形，上喙尖端向下弯曲成钩状，两侧有沟槽，下喙有小囊袋。鼻孔小，呈裂缝状，在成鸟时完全隐蔽。眼先和眼周裸露无羽。颈较长，体亦较细长。尾羽 12~14 枚，长而硬直，圆尾或楔尾。脚位于身体后部，跗跖短粗，趾形扁，趾间有蹼相连。

主要栖息于海岸、内陆湖泊和沼泽地带，多成群生活，集群营巢于悬崖岩石上、地上、灌丛中或树上，巢由树枝和枯草构成。食物主要为鱼类。飞行时颈向前直伸，头微向上斜，两脚伸向后。

李斌 拍摄

44. 普通鸬鹚

四川省重点保护野生动物

学名： *Phalacrocorax carbo*　　　　**英文名：** Great Cormorant　　　　**藏语音译：** 曲亚纳功

识别特征： 大型游禽，体长 72~87 cm。雌雄相似。通体黑色，头颈具紫绿色光泽，眼先橄榄绿色，眼周和喉侧裸露皮肤黄色，肩和翅具铜绿色光彩，眼后下方白色。繁殖羽头颈有白色丝状羽，下胁具白斑。虹膜翠绿色，上喙黑色，喙边缘和下喙灰白色，喉囊橙黄色，跗跖和蹼黑色。

生境与习性： 栖息于河流、湖泊、池塘、水库、河口及沼泽地带。常成小群活动。善游泳和潜水。飞行时头颈向前伸直，脚伸向后，两翅扇动缓慢。以各种鱼类为食。主要通过潜水捕食。繁殖期 4~6 月。常成群营巢于湖边、河岸或沼泽地中的树上，也在湖边或河边的岩石地面上或湖心小岛上营巢。

保护区分布： 冬季见于雅砻江河谷，常见。

杨楠 拍摄

杨楠 拍摄

传统分类观点认为鹈形目和鹳形目鸟类有密切的亲缘关系。近年来分类研究对两个目进行了调整，原鹈形目各科仅鹈鹕科（Pelecanidae）保留下来，与原鹳形目中的鹮科（Threskiorothidae）、鹭科（Ardeidae）组成新的鹈形目。保护区分布的鹈形目鸟类为鹭科，有 2 种。

鹭科鸟类为中型涉禽。体形细瘦，羽毛稀疏而柔软。喙形直而尖，侧扁，上喙两侧有一狭沟。鼻孔椭圆形，位于近喙基的侧沟中。眼先和眼周裸露无羽。颈细长。翅较宽长，翅端呈圆形，初级飞羽 11 枚。尾较短小，尾羽 10~12 枚。脚细长，位于体之较后部。胫下部裸出，跗跖前缘被盾状鳞或网状鳞。具 4 趾，3 前 1 后，较细长，均在同一平面上，趾间基部有蹼膜相连，中趾内侧具栉状突。

通常栖息于湖泊、河流、沼泽、池塘等水边浅水处，飞行时两翅扇动缓慢，颈缩于肩背上，呈"S"形，脚远伸出于尾后，停立时颈亦多缩曲，呈驼背姿势。营巢于树上或芦苇丛中。以鱼类、两栖类、甲壳类、爬行类等动物性食物为食。

杨楠 拍摄

45. 白鹭

学名： *Egretta garzetta*　　　　**英文名：** Little Egret　　　　**藏语音译：** 曲序

识别特征： 中型涉禽，体长 52~70 cm。雌雄相似。喙、颈和跗跖均甚长，通体白色。繁殖羽颈部着生两根狭长而软的矛状饰羽，背和前颈亦着生长的蓑羽。非繁殖羽全身亦为乳白色，但头部冠羽、肩、背和前颈之蓑羽或矛状饰羽均消失，仅个别前颈矛状饰羽还残留少许。虹膜黄色，喙黑色，眼先裸出部分夏季粉红色，冬季黄绿色，跗跖黑色，趾黄绿色。

生境与习性： 栖息于湖泊、溪流、水库、江河与沼泽地带。喜集群，常呈 3~5 只或十余只的小群活动于水边浅水处。以各种小鱼和昆虫等动物性食物为食，也取食少量谷物等植物性食物。繁殖期 3~7 月。常结群营巢于高大的树上。

保护区分布： 见于雅砻江河谷，常见。

繁殖羽　张永 拍摄

46. 牛背鹭

学名：*Bubulcus ibis*　　　　英文名：Cattle Egret　　　　藏语音译：曲序

识别特征： 中型涉禽，体长 46~55 cm。雌雄相似。繁殖羽头、颈和背中央长的饰羽橙黄色，其余白色。非繁殖羽全身白色，无饰羽。飞行时头缩到背上，颈向下突出，身体呈驼背状。站立时亦呈驼背状，喙和颈亦较短粗。虹膜金黄色，喙橙黄色，跗跖黑褐色。

生境与习性： 栖息于平原草地、牧场、湖泊、水库和低山水田等。常成对或 3~5 只的小群活动，有时亦单独或集成数十只的大群。常伴随牛活动。性活跃而温驯，不甚怕人。主要以蝗虫、蟋蟀、蝼蛄、螽斯等昆虫为食。繁殖期 4~7 月。营巢于树上或竹林上，常成群营巢。

保护区分布： 见于雅砻江沿岸县城附近，少见。

十二、鹰形目

ACCIPITRIFORMES

大至小型猛禽。喙短而强健，尖端钩状。喙基部被有蜡膜。跗跖和趾强壮且粗大，趾端具锐利的爪。体羽通常为灰褐色或暗褐色。

栖息于山区悬崖峭壁、森林、荒漠、田野、草原、江河、湖泊、沿洋等各类生境。多白天活动，视觉敏锐，在高空即能窥视地面猎物的活动，并伺机捕猎。善飞行，能很好地利用上升的热气流长时间地在空中翱翔盘旋或突然俯冲而下，休息时多站在高树顶端或悬崖崖顶等高处。以啮齿动物、兔类、鸟类、动物尸体等动物性食物为食。营巢于悬崖峭壁、树上或地面草丛中。

张永 拍摄

47. 胡兀鹫

国家一级重点保护野生动物

学名： *Gypaetus barbatus*　　　　**英文名：** Bearded Vulture　　　　**藏语音译：** 果吾

识别特征： 大型猛禽，体长 100~115 cm。雌雄相似。头、颈不裸露，完全被羽，铁锈色，眼先有一条宽阔的黑纹。颏部有长而硬的"胡须"。上体暗褐色或黑色，下体橙黄色或皮黄色。尾甚长，呈明显的楔形尾。虹膜黄色或红褐色，喙暗褐色。幼鸟与成鸟大体相似，但头顶被有白色绒羽，颏、喉被有淡褐色绒羽，其余上体褐色。

生境与习性： 生活于高原和高山的裸岩生境，海拔一般在 1 000 ~5 000 m。常单独活动。常在山顶或山坡上空缓慢地飞行和翱翔，头向下低垂，并不断左右活动，紧盯地面飞行搜寻食物。主要以大型动物尸体为食，有时也猎取水禽、受伤的雉鸡、鹑类和兔类等小型动物。繁殖期 2~5 月。营巢于岩壁上大的缝隙和岩洞中。

保护区分布： 保护区全域可见，常见。

杨楠 拍摄

亚成鸟　杨楠 拍摄

杨楠 拍摄 杨楠 拍摄

48. 高山兀鹫

国家二级重点保护野生动物

学名： *Gyps himalayensis*　　**英文名：** Himalayan Vulture　　**藏语音译：** 革统查、革统卡

识别特征： 大型猛禽，体长 120~150 cm。雌雄相似。头和颈裸露，被有少数污黄色或白色绒羽，颈基部的羽簇呈披针形，淡皮黄色或黄褐色。上体和翼上覆羽淡黄褐色，飞羽黑色。下体淡白色或淡皮黄色。虹膜暗黄色、乳黄色或淡褐色，喙绿色或暗黄色，蜡膜淡褐色或绿褐色，跗跖和趾灰绿色或白色。

生境与习性： 常在高山苔原地带或高原草地、荒漠和岩石地带活动。视觉和嗅觉都很敏锐，常在高空翱翔盘旋寻找地面上的动物尸体，或通过嗅觉闻到腐肉的气味而向尸体集中。主要以腐肉和动物尸体为食，有时也取食蛙类、蜥蜴、鸟类、小型兽类、大的甲虫和蝗虫。繁殖期 2~5 月。常营巢于悬崖岩壁凹处。

保护区分布： 见于剪子弯山一带，常见。

杨楠 拍摄

杨楠 拍摄

周华明 拍摄

49. 秃鹫

国家一级重点保护野生动物

学名：*Aegypius monachus*　　　　**英文名**：Cinereous Vulture　　　　**藏语音译**：吓果

识别特征：大型猛禽，体长 108~120 cm。雌雄相似。通体黑褐色，头裸露，仅被有短的黑褐色绒羽。下体暗褐色，腿部覆羽暗褐色至黑褐色。喙强壮。飞行时尾稍成楔状，两翼宽阔而长。虹膜暗褐色，喙黑褐色，蜡膜蓝灰色或铅蓝色，跗跖和趾灰色或灰白色。

生境与习性：主要栖息于山区、草原及高山草甸。常单独活动，偶尔也成小群。常在高空悠闲地翱翔和滑翔。主要以大型动物的尸体为食。偶尔也主动攻击中小型兽类、两栖类、爬行类和鸟类，有时也袭击家畜。繁殖期 3~5 月。常营巢于森林的林冠层，偶尔也营巢于山坡或悬崖突出的岩石上。

保护区分布：见于剪子弯山，少见。

顾海军 拍摄

张永 拍摄

杨楠 拍摄　　　　　　　　　　　　　周华明 拍摄

50. 凤头蜂鹰

国家二级重点保护野生动物

学名： *Pernis ptilorhynchus*　　　**英文名：** Oriental Honey Buzzard　　　**藏语音译：** 祖钦喇喇

识别特征： 中型猛禽，体长 50~66 cm。雌雄相似。头侧具短而硬的鳞片状羽，枕部常具短的羽冠。上体黑褐色，头侧灰色。喉白色，其余下体具淡红褐色，并具白色相间排列的横带和明显的黑色中央纹。初级飞羽暗灰色，尖端黑色，尾具深浅交替的横斑。虹膜橙红色，喙黑色，跗跖和趾黄色。

生境与习性： 栖息于不同海拔的阔叶林、针叶林和针阔混交林中，尤以疏林和林缘地带较常见。常单独活动，偶尔也在森林上空翱翔或滑翔，边飞边叫。常在飞行中捕食。主要以黄蜂和其他蜂类以及它们的蜂蜜、蜂蜡和幼虫为食，也取食其他昆虫，偶尔也取食小型的蛇类、蜥蜴、蛙类、小型哺乳动物、鸟类和鸟卵等其他动物性食物。繁殖期 4~6 月。营巢于树上。

保护区分布： 见于格西沟五层房子，少见。

张永 拍摄

杨楠 拍摄

51. 草原雕

学名: *Aquila nipalensis*　　　　**英文名:** Steppe Eagle　　　　**藏语音译:** 纳查

识别特征: 大型猛禽,体长 70~82 cm。雌雄相似。体色变化较大,成鸟通体土褐色,尾上覆羽棕白色、尾黑褐色,具不明显的淡色横斑。亚成鸟羽色较淡,翼上的大覆羽和次级覆羽具棕白色端斑,在翅上形成两道明显的淡色横斑,翼下亦有一宽阔的白色横带,尾上覆羽亦有一显著的半月形白斑,飞行时极为醒目。虹膜黄褐色和暗褐色,喙黑褐色,蜡膜暗黄色,趾黄色。

生境与习性: 主要栖息于开阔平原、草地、荒漠和低山丘陵地带。主要以啮齿类、兔类、爬行类和鸟类等小型脊椎动物以及昆虫为食,有时也取食动物尸体和腐肉。繁殖期 4~6 月。营巢于悬崖岩石上,也营巢于地上、土堆上或干草堆中。

保护区分布: 见于剪子弯山,少见。

李斌 拍摄　　　　　　　　　　　周华明 拍摄

52. 金雕　　　　　　　　　　　　　　国家一级重点保护野生动物

学名： *Aquila chrysaetos*　　　　**英文名：** Golden Eagle　　　　**藏语音译：** 吾勒色布

识别特征： 大型猛禽，体长 78~105 cm。雌雄相似。体羽暗褐色，后头、枕和后颈羽毛金黄色，尾较长而圆，灰褐色，具黑色横斑和端斑，跗跖被羽。亚成鸟尾羽白色，具宽阔的黑色端斑，飞羽基部亦为白色，在翼下形成一大的白斑，飞行时极为醒目。虹膜栗褐色，喙黑色，蜡膜和趾黄色。

生境与习性： 栖息于高山草原、荒漠、河谷和森林地带，冬季亦常到山地丘陵和平原地带活动。常单独或成对活动。主要捕食鸟类和兽类，有时也取食动物尸体。繁殖期因地而异。常营巢于针叶林、针阔混交林或疏林内的高大树木上，偶尔也营巢于悬崖峭壁上。

保护区分布： 见于扎嘎寺一带，偶见。

周华明 拍摄

53. 松雀鹰

国家二级重点保护野生动物

学名：*Accipiter virgatus*　　　　**英文名**：Besra　　　　**藏语音译**：岔切纳

识别特征：小型猛禽，体长 28~38 cm。雌雄相似。额、头顶、后颈及背黑灰色，上体余部灰褐色。尾灰褐色并具 4~5 道暗褐色横斑。飞羽黑褐色，内翈灰褐色，并具暗褐色横斑，翼上覆羽灰褐色。颏、喉棕白色，正中具一条或粗或细的纵纹。胸、腹灰白色，有棕红色杂褐色横斑。尾下覆羽棕白色。腿部覆羽灰白色，具栗褐色横纹。虹膜、蜡膜和跗跖黄色，喙基部为铅蓝色，尖端黑色。

生境与习性：主要栖息于茂密的针叶林和常绿阔叶林以及开阔的林缘疏林地带。性机警。主要以各种小型鸟类为食，也取食蜥蜴、蝗虫、甲虫和小型鼠类。繁殖期 4~6 月。营巢于枝叶茂盛的高大树木上部。

保护区分布：见于下渡沟和格西沟，少见。

雄鸟　张永 拍摄

54. 雀鹰

国家二级重点保护野生动物

学名： *Accipiter nisus*　　　　**英文名：** Eurasian Sparrowhawk　　　　**藏语音译：** 查穷穷

识别特征： 小型猛禽，体长 30~41 cm。雄鸟额、头顶至后颈暗灰色或黑褐色，羽缘棕黄色，上体余部灰黑色，尾羽灰褐色，具 4 或 5 道黑褐色横斑，飞羽黑褐色，内翈灰白色而具暗褐色横斑，翼上覆羽青灰色，下体灰白色，喉部有黑褐色细纵纹，胸、腹具黑褐色或栗褐色横斑。雌鸟体型较雄鸟稍大，上体偏灰褐色，具较明显的白色眉纹。虹膜橙黄色，喙暗灰色，蜡膜黄色或黄绿色，跗跖和趾橙黄色。

生境与习性： 栖息于针叶林、阔叶林、针阔混交林等山地森林和林缘地带。常单独生活。主要以小型鸟类、昆虫和鼠类为食，有时亦捕食兔类、蛇类。繁殖期 5~7 月。营巢于森林中的树上。

保护区分布： 见于格西沟，少见。

雌鸟　张永 拍摄

雌鸟和雏鸟　张永 拍摄

杨楠 拍摄

杨楠 拍摄

55. 黑鸢

国家二级重点保护野生动物

学名： *Milvus migrans*　　　　　**英文名：** Black Kite　　　　　**藏语音译：** 喇

识别特征： 中型猛禽，体长 54~69 cm。雌雄相似。额灰褐色，头顶、后颈至腰均为暗褐色，尾凹形，暗褐色，具黑褐色横斑。眼先及颊浅褐色，耳羽黑褐色。颏、喉灰白色，胸、腹暗褐色，尾下覆羽浅棕褐色。虹膜暗褐色，喙黑色，蜡膜黄绿色，跗跖和趾黄色或黄绿色。

生境与习性： 栖息于开阔平原、草地、荒原和低山丘陵地带。常单独在高空翱翔，秋季有时亦成 2~3 只的小群。飞行快而有力，主要以鸟类、鼠类、蛇类、蛙类、鱼类、兔类、蜥蜴和昆虫等动物性食物为食，偶尔也取食家禽和动物尸体。繁殖期 4~7 月。营巢于高大树木或悬崖峭壁上。

保护区分布： 保护区全域可见，有一定种群数量。

顾海军 拍摄　　　　　　　　　　　　　杨楠 拍摄

56. 大鵟

国家二级重点保护野生动物

学名：*Buteo hemilasius*　　　　**英文名**：Upland Buzzard　　　　**藏语音译**：查

识别特征：大型猛禽，体长 56~71 cm，是我国鵟中个体最大的一种。雌雄相似。额灰白色，头顶、后颈浅褐色，具暗褐色纵纹。上体余部土褐色，尾浅褐色，具数道褐色横斑，飞羽黑褐色。眼周灰白色，耳羽灰褐色。颏、喉及胸浅栗褐色，下体余部白色。雌鸟体型较雄鸟略大，体色更暗。喙黑褐色，蜡膜黄绿色，跗跖蜡黄色。跗跖有时被羽至趾基部，但后缘为盾状鳞，与毛脚鵟有别。

生境与习性：栖息于山地、平原与草原地带，也栖息于高山林缘和开阔的山地草原与荒漠地带。常单独或成小群活动。主要以啮齿动物、蛙类、蜥蜴、兔类、蛇类、雉鸡、昆虫等动物性食物为食。繁殖期 5~7 月。常营巢于悬崖峭壁或高大树木上。

保护区分布：在保护区全域可见，较常见。

57. 喜山鵟

国家二级重点保护野生动物

学名: *Buteo refectus*　　　　**英文名:** Himalayan Buzzard　　　　**藏语音译:** 查

识别特征: 中型猛禽，体长 50~59 cm。雌雄相似。上体棕褐色，小覆羽栗褐色，尾羽棕褐色，具不甚清晰的横斑。颏、喉乳黄色，具棕褐色羽干纹。胸、两胁具大型棕褐色横斑。尾下覆羽乳黄色，有不清晰的暗色横斑。虹膜褐色，喙铅灰色，跗跖褐色。

生境与习性: 主要栖息于山地森林和林缘地带。多单独活动，有时亦见 2~4 只在天空盘旋。主要以森林鼠类为食，也取食鸟类和大型昆虫等动物性食物。繁殖期 5~7 月。常营巢于林缘或森林中的高大的树木上。

保护区分布: 见于剪子弯山，偶见。

杨楠 拍摄

周华明 拍摄

58. 普通鵟

国家二级重点保护野生动物

学名： *Buteo japonicus*　　　　**英文名：** Eastern Buzzard　　　　**藏语音译：** 岔妞呷

识别特征： 中型猛禽，体长50~59 cm。雌雄相似。上体多呈灰褐色，尾羽暗灰褐色，外侧初级飞羽黑褐色，内侧飞羽黑褐色，展翅时形成显著的翼下大型白斑。翼上覆羽常为浅黑褐色。下体乳黄白色，喉部具淡褐色纵纹，胸和两胁具粗的棕褐色横斑和斑纹，尾下覆羽乳白色，微具褐色横斑。虹膜褐色、喙铅灰色，跗跖浅黄色。

生境与习性： 繁殖期间主要栖息于山地森林和林缘地带，秋冬季节则多出现在低山丘陵和平原地带。多单独活动。主要以森林鼠类为食，也取食蛙类、蜥蜴、蛇类、兔类、鸟类和大型昆虫等动物性食物。繁殖期5~7月。常营巢于林缘或森林中的高大树木上，也营巢于悬崖岩石上，有时也侵占乌鸦巢。

保护区分布： 在保护区全域较为常见，有一定种群数量。

一般俗称为猫头鹰。大多具有面盘，头形宽大。眼大而圆，两眼位置向前，其周围羽毛排列为面盘状。面形似猫，故因此而得名猫头鹰。

主要栖息于树上。多为夜行性鸟类，白天多匿伏于树洞、岩穴或稠密的枝叶间，晚上才出来活动。食物主要为昆虫、鼠类、蜥蜴、鱼类、鸟类等动物。通常营巢于树洞、岩洞或墙壁缝隙中。

张永 拍摄

59. 领角鸮
国家二级重点保护野生动物

学名： *Otus lettia*　　**英文名：** Collared Scops Owl　　**藏语音译：** 吾巴穷穷

识别特征： 小型鸮类，体长 20~27 cm。雌雄相似。额和面盘灰白色，领棕白色，上体及肩棕灰色，肩有黄色点斑。尾羽有斑驳的黑褐色和浅棕色相间的横斑。颏白色，下体余部灰白色，具黑褐色羽干纹和蠹状纹。虹膜黄色或褐色，喙铅褐色，跗跖被羽。

生境与习性： 主要栖息于山地阔叶林和针阔混交林中，也出现于山麓林缘和村寨附近的树林内。除繁殖期成对活动外，常单独活动。鸣声低沉。夜行性。主要以鼠类、蝗虫、鞘翅目昆虫为食。繁殖期 3~6 月。常营巢于天然树洞内，或利用啄木鸟废弃的旧树洞，偶尔也利用喜鹊的旧巢。

保护区分布： 见于县城附近，少见。

60. 灰林鸮 　　　　　　　　　　国家二级重点保护野生动物

学名： *Strix aluco* 　　　　　　**英文名：** Tawny Owl 　　　　　　**藏语音译：** 森夏

识别特征： 中型鸮类，体长 37~41 cm。雌雄相似。上体黑色。尾暗褐色，具斑驳的棕白色横斑。肩黑色，具蠹状纹。外侧大覆羽和肩羽具有大的白斑，其余翅羽黑褐色，具并列的浅棕色横斑，三级飞羽有蠹状纹。面盘前部灰白色具褐纹。喉部浅棕色具褐色横斑。领黑色，具棕黄色及白色羽端和羽缘。下体浅棕色，具交叉的黑褐纵纹和横纹。尾下覆羽具矢状斑。虹膜暗褐色，喙褐色，跗跖被羽。

生境与习性： 主要栖息于山地阔叶林和针阔混交林中，尤喜森林中的河岸和沟谷地带，也出现于林缘和灌丛地带。常成对或单独活动。夜行性。主要以啮齿类为食，也取食鸟类、蛙类、小型兽类和昆虫，偶尔在水边捕食鱼类。主要营巢于树洞中，有时也在岩石下面的地上营巢或利用鸦类的巢。

保护区分布： 见于格西沟，少见。

杨楠 拍摄

61. 纵纹腹小鸮

国家二级重点保护野生动物

学名：*Athene noctua*　　　　**英文名**：Little Owl　　　　**藏语音译**：色亚吾巴

识别特征：小型鸮类，体长 20~26 cm。雌雄相似。面盘不明显，亦无耳簇羽。眼先白色，具黑色羽干纹并形成须状。两道白色眉纹在前额联结成"V"形斑。上体沙褐色或灰褐色。下体棕白色具有褐色纵纹。虹膜黄色，喙黄绿色，跗跖和趾均被棕白色羽。

生境与习性：栖息于林缘灌丛和平原森林地带，也出现在高原、荒漠生境。主要在晚上活动。主要以鼠类和鞘翅目昆虫为食，也捕食鸟类、蜥蜴、蛙类和其他小型动物。繁殖期 5~7 月。常营巢于悬岩缝隙、岩洞、废弃建筑物洞穴等各种洞穴中，有时也在树洞中营巢。

保护区分布：见于剪子弯山，偶见。

杨楠 拍摄

杨楠 拍摄

杨楠 拍摄

杨楠 拍摄　　　　　　　　　　　　　　　　张永 拍摄

62. 雕鸮

国家二级重点保护野生动物

学名： *Bubo bubo* 　　　**英文名：** Eurasian Eagle-owl 　　　**藏语音译：** 吾巴切波拉仁

识别特征： 大型鸮类，体长 65~89 cm，是我国鸮类中个体最大的一种。雌雄相似。面盘明显，淡棕黄色。眼先密被白色刚毛状羽。耳羽长且显著。通体羽毛大都黄褐色，具黑色斑点和纵纹。喉白色，胸和两胁具浅黑色纵纹。虹膜金黄色或橙色，喙黑褐色，跗跖和趾均被羽。

生境与习性： 栖息于山地森林、平原、荒野，以及裸露的高山和峭壁等各类生境中。除繁殖期外常单独活动。夜行性。主要以各种鼠类为食。也取食兔类、蛙类、刺猬、昆虫、雉类和其他鸟类。在四川，繁殖期从 12 月开始。常营巢于树洞、悬崖峭壁下的凹处或直接产卵于地上。

保护区分布： 分布于保护区高海拔丘原地带，少见。

BUCEROTIFORMES

十四、犀鸟目

原佛法僧目下的犀鸟科（Bucerotidae）、戴胜科（Upupidae）和林戴胜科（Phoeniculidae）3 科被独立出来组成新的犀鸟目。保护区分布的有 1 种，为戴胜科，戴胜。

戴胜科属于中型鸟类。喙细长而向下弯曲，头顶具直立而呈扇形的冠羽。翅短圆，初级飞羽 10 枚，尾羽 10 枚，方尾。尾脂腺被羽。跗跖短，前后缘均被盾状鳞，中趾和外趾基部相合。

主要栖息于开阔的农田、旷野和林缘地带，单独或成小群活动。飞行时两翼鼓动缓慢，微成波浪式飞行。在地上觅食，主要取食昆虫和蠕虫。营巢于树洞、柴堆、墙壁洞和岩穴中。

杨楠 拍摄

63. 戴胜

学名：*Upupa epops*　　　英文名：Eurasian Hoopoe　　　藏语音译：嘟嘟波西

识别特征：体长 25~32 cm。雌雄相似。喙细长而微向下弯曲。头上具长的扇状冠羽。额至枕棕黄色，缀有黑色横斑和白色横斑，其余头颈及胸棕色。上背褐色，下背和肩黑褐色，具棕白色横斑。腰白色。尾黑色并具一道宽阔的白色横斑。腹和胁有黑褐纵纹。虹膜褐色，喙黑色，跗跖和趾铅褐色。

生境与习性：栖息于山地、平原、森林、林缘草地等开阔地，尤以林缘耕地生境较为常见。多单独或成对活动。常在地面上慢步行走，边走边觅食，主要以多种昆虫为食，也取食蠕虫等其他小型无脊椎动物。繁殖期 4~6 月。常营巢于林缘或林中道路两边的天然树洞或啄木鸟的弃洞中。

保护区分布：保护区全域可见，常见。

十五、佛法僧

中小型鸟类。羽色鲜艳；喙中等长，较宽，先端具钩。鼻孔位于喙基部，多无须。翅大都长而阔。尾长；跗跖短，前缘被盾状鳞，后缘被网状鳞。前三趾基部微相并合，为并趾型脚。

主要栖息于森林、水边、旷野等不同生境中，但多为树栖。采取坐等式捕食方式，捕食昆虫和小型脊椎动物，也取食植物果实与种子。营巢于树洞或土洞中。

CORACIIFORMES

李斌 拍摄

周华明 拍摄

64. 普通翠鸟

学名： *Alcedo atthis*　　　　**英文名：** Common Kingfisher　　　　**藏语音译：** 切衣破马

识别特征： 体长 15~18 cm。雌雄相似。额至后颈蓝黑色，具翠蓝色横斑，上体余部钴蓝色。尾羽表面蓝绿色。肩及翼上覆羽暗蓝绿色。耳覆羽锈红色，其后有一白斑，并延至颈侧。颏、喉均为白色，下体余部锈红色。虹膜土褐色，喙黑色，雌鸟下喙暗红色，跗跖和趾暗红色。

生境与习性： 主要栖息于林区溪流、平原河谷、水库。常单独活动，一般多停息在河边树桩和岩石上。主要以小型鱼类、虾等水生动物为食。繁殖期 5~8 月。常营巢于水体岸边或附近的土洞中。

保护区分布： 见于雅砻江河谷，偶见。

十六、啄木鸟

中小型鸟类。喙多长直呈锥状，或嘴峰粗厚而稍向下弯曲，喙基部无蜡膜。翅大多短圆，初级飞羽 10 枚。尾多为楔尾或平尾，尾羽 10~12 枚，羽轴多突出呈针状。跗跖短，上缘被羽。趾较强健，为对趾型，多 2 前 2 后，趾端具利爪。

主要栖息于森林中，善攀缘。主要以昆虫为食。营巢于树洞中。

李斌 拍摄

65. 蚁䴕

学名： *Jynx torquilla*　　　　**英文名：** Eurasian Wryneck　　　　**藏语音译：** 纳衣里察

识别特征： 体长 16~19 cm。雌雄相似。喙相对较短，呈圆锥形。上体银灰色或淡灰色，具黑色虫蠹状斑，两翅和尾锈色具有黑色横斑和斑点。下体赭灰色或皮黄色，具窄的暗色横斑。尾较长，末端圆形，为大理石灰色或褐灰色。尾下覆羽棕黄色，具稀疏的黑褐色横斑。虹膜黄褐色，喙、跗跖铅灰色。

生境与习性： 主要栖息于低山和平原开阔的疏林地带。除繁殖期成对活动外，常单独活动。多在地面觅食，行走时成跳跃式前进。主要以蚂蚁、蚂蚁卵和蛹为食，也取食一些甲虫。繁殖期 5~7 月。营巢于树洞或啄木鸟的废弃洞中。

保护区分布： 见于县城附近农区，少见。

雄鸟　杨楠 拍摄

66. 斑姬啄木鸟

学名： *Picumnus innominatus* **英文名：** Speckled Piculet **藏语音译：** 统左穷穷、吐打马穷穷

识别特征： 体长 9~10 cm。雄鸟额至后颈栗色或烟褐色，头顶前部缀以橙红色，背至尾上覆羽橄榄绿色，两翅暗褐色，外缘沾黄绿色，翼缘近白色，尾羽黑色，颏、喉近白色，胸和上腹以及两胁布满大的圆形黑色斑点，到后胁和尾下覆羽呈横斑状，腹中部黑色斑点不明显或没有黑色斑点。雌鸟和雄鸟相似，但头顶前部不缀橙红色，为单一的栗色或烟褐色。虹膜褐色或红褐色，喙和跗跖铅褐色或灰黑色。

生境与习性： 主要栖息于海拔 2 000 m 以下的低山丘陵和平原地区的常绿或落叶阔叶林中，也见于中高海拔的混交林和针叶林地带。常单独活动，多在地上或树枝上觅食。主要以蚂蚁、甲虫和其他昆虫为食。繁殖期 4~7 月。营巢于树洞中。

保护区分布： 见于县城附近林区，偶见。

雌鸟　张永 拍摄　　　　　　　　　雄鸟　杨楠 拍摄

67. 棕腹啄木鸟

学名： *Dendrocopos hyperythrus*　　　　　**英文名：** Rufous-bellied Woodpecker
藏语音译： 统左破康、吐打马破德

识别特征： 体长 18~24 cm。雄鸟额、眼先和眉纹白色，颊、颏灰白色而杂有黑色，头顶至后颈深红色，背、肩、腰黑色而具白色横斑，尾上覆羽和尾羽黑色，耳羽、颈侧、喉、胸、腹均为棕色或栗棕色，尾下覆羽深红色，翼下覆羽白色并具黑色横斑。雌鸟头顶黑色，后颈黄色，其余同雄鸟。虹膜暗褐色或棕红色，上喙偏黑色，下喙黄色，且稍沾绿色，跗跖和趾暗铅色或黑色。

生境与习性： 主要栖息于山地针叶林和针阔混交林中，有时亦出现于林缘地带，分布海拔可达 4 000 m 左右。常单独在树上栖息和活动，多在树木的中上部觅食。主要以各种昆虫为食，偶尔也取食植物果实。繁殖期 4~6 月。营巢于树洞中，多选择在半腐朽的树干上。

保护区分布： 见于格西沟五层房子，偶见。

雌鸟　张永 拍摄

68. 星头啄木鸟

学名： *Dendrocopos canicapillus*　　　　　　英文名：Grey-capped Woodpecker
藏语音译： 统左俄体、吐打马俄勒

识别特征： 体长 14~18 cm。雄鸟前额和头顶暗灰色或灰褐色，眉纹白色，自眼后上缘向后延伸至颈侧，枕部两侧各具一红斑，枕、后颈、上背和肩黑色，下背和腰白色，尾上覆羽和中央尾羽黑色，颏、喉白色或灰白色，其余下体污白色或淡棕白色和淡棕黄色。雌鸟和雄鸟相似，但枕侧无红色。虹膜红褐色，喙铅褐色，跗跖和趾灰黑色。

生境与习性： 主要栖息于山地和平原阔叶林、针阔混交林和针叶林中，也出现于杂木林和次生林。常单独或成对活动，仅雏鸟离巢后随亲鸟活动期间出现家族群。多在树中上部活动和取食，偶尔也到地面倒木和树桩上取食。主要以各种昆虫为食，偶尔也取食植物果实和种子。繁殖期 4~6 月。营巢于树干上。

保护区分布： 见于格西沟，偶见。

雌鸟 曹勇刚 拍摄　　　　　　　　　　　　　　雄鸟 杨楠 拍摄

69. 赤胸啄木鸟

学名： *Dendrocopos cathpharius*　　　**英文名：** Crimson-breasted Woodpecker
藏语音译： 欣达莫章玛尔金

识别特征： 体长 16~19 cm。雄鸟头顶后部和枕红色，头顶余部和上体同为黑色，两翅黑褐色，具白色斑点，两翅折合时形成横斑状，尾羽黑色，外侧两对尾羽具茶黄色横斑，颏、喉污白色，胸中部鲜红色，在胸部形成红斑，胸侧、两胁和腹皮黄色，密被黑色纵纹，尾下覆羽红色。雌鸟和雄鸟相似，但头顶后部和枕为黑色。虹膜褐色或红色，喙淡铅色，跗跖和趾暗铅色或绿褐色。

生境与习性： 主要栖息于海拔 1 500~3 500 m 的山地常绿或落叶阔叶林及针阔混交林中，有时亦出现于针叶林。除繁殖期成对外，平常多单独活动。主要以各种昆虫为食。繁殖期 4~5 月。营巢于树洞中。

保护区分布： 见于格西沟，偶见。

雌鸟　杨楠 拍摄

70. 黄颈啄木鸟

学名：*Dendrocopos darjellensis*　　　　　　**英文名**：Darjeeling Woodpecker
藏语音译：统左革色、吐打马革色

识别特征：体长 21~24 cm。雄鸟上体黑色，前额有一窄的白色横带斑，枕部有一红色带斑，肩和翼斑白色，外侧尾羽具白色横斑，飞行时明显可见，耳覆羽后面和颈侧亮黄色，颊污白色，下颊纹黑色，喉和胸中上部污褐色，其余下体淡皮黄色，具明显的黑色纵纹，尾下覆羽红色。雌鸟和雄鸟相似，但枕部无红色。虹膜雄鸟深红色，雌鸟红褐色，喙铅灰色，跗跖和趾暗绿色。

生境与习性：主要栖息于山地针叶林和针阔混交林中。单独或成对活动，多在树的中下层活动，很少到树上层和高处活动和觅食。主要以昆虫为食，也取食其他小型动物。营巢于树洞中。

保护区分布：见于下渡沟和县城附近，偶见。

雄鸟 胡运彪 拍摄　　　　　　　　　　　　　　雌鸟 张永 拍摄

71. 大斑啄木鸟

学名：*Dendrocopos major*　　　　　　**英文名**：Great Spotted Woodpecker
藏语音译：统左察察、吐打马察察

识别特征：体长 20~25 cm。雄鸟额棕白色，眼先、眉、颊和耳羽白色，头顶黑色而具蓝色光泽，枕具一辉红色斑，后枕具一窄的黑色横带，后颈及颈两侧白色，肩白色，背辉黑色，腰黑褐色，两翅黑色，翼缘白色，中央尾羽黑褐色，颏、喉、前颈至胸以及两胁污白色，腹亦为污白色。雌鸟似雄鸟，但枕部黑色。虹膜暗红色，喙铅黑或蓝黑色，跗跖和趾褐色。

生境与习性：栖息于山地和平原针叶林、针阔混交林和阔叶林中。常单独或成对活动，繁殖后期成松散的家族群活动。多在树干和粗枝上觅食，主要以各种昆虫为食，也取食蜗牛、蜘蛛等其他小型无脊椎动物，偶尔也取食橡实、松子和草籽等植物性食物。繁殖期 4~5 月。营巢于树洞中。

保护区分布：低海拔林区可见，偶见。

雄鸟　杨楠 拍摄

72. 三趾啄木鸟

国家二级重点保护野生动物

学名: *Picoides tridactylus* **英文名:** Three-toed Woodpecker **藏语音译:** 统左各呷、吐打马各呷

识别特征: 体长 20~23 cm。雄鸟头顶金黄色,眼至耳覆羽黑色,眼后有一条白色纵纹,颊纹白色,下颊纹黑色,枕和后颈黑色,背和腰白色,下体白色,胸侧具黑色纵纹,后胁具黑色横斑,尾上覆羽和中央两对尾羽黑色,肩和翅上覆羽黑褐色,飞羽亦为黑褐色,杂以白斑。雌鸟似雄鸟,但头顶为黑色。虹膜深褐色,喙灰色或褐灰色,跗跖和趾黑褐色,仅 3 趾。

生境与习性: 主要栖息于针叶林和针阔混交林中,尤以偏僻的原始针叶林中较常见。除繁殖期成对外,常单独活动,繁殖后期亦见成家族群。性活泼,行动敏捷,啄食迅速有力。主要以各种昆虫为食,有时也取食植物种子。繁殖期 5~7 月。营巢于树洞中。

保护区分布: 见于扎嘎寺,偶见。

雄鸟（左） 杨楠 拍摄　　　　　　　　　　　雄鸟 张永 拍摄

73. 黑啄木鸟　　　　　　　　　　　　　国家二级重点保护野生动物

学名：*Dryocopus martius*　　**英文名**：Black Woodpecker　　**藏语音译**：统左里纳、吐打马里纳

识别特征：体长 41~47 cm。雄鸟额、头顶至枕后朱红色，羽冠亦为朱红色，耳羽、上背黑色，微沾辉绿色，下背、腰、尾上覆羽、翼上覆羽和飞羽辉黑褐色，尾羽亦为黑褐色，颏、喉、颊暗褐色，其余下体黑褐色。雌鸟和雄鸟相似，但羽色稍淡，仅头后部有朱红色。虹膜淡黄色，喙蓝灰色至白色，喙尖浅灰色，跗跖和趾黑褐色或深褐灰色。

生境与习性：主要栖息于原始针叶林和针阔混交林中，有时亦出现在阔叶林和林缘。常单独活动，繁殖后期则成家族群。主要在树干、枯枝和枯木上取食，夏季主要以蚂蚁、金龟子和其他昆虫为食，冬季主要以在树干内越冬的天牛幼虫为食。繁殖期 4~6 月。营巢于树洞中。

保护区分布：见于扎嘎寺，少见。

雌鸟　张永 拍摄　　　　　　　　　　　　雄鸟　李斌 拍摄

74. 灰头绿啄木鸟

学名：*Picus canus*　　　**英文名**：Grey-headed Woodpecker　　　**藏语音译**：欣达莫泰郭姜壳金

识别特征：体长 26~33 cm。雄鸟额至头顶鲜红，枕和后颈灰色，杂黑色纵纹，上体余部及肩橄榄黄或灰绿色，尾上覆羽端部鲜黄色，尾褐色，次级覆羽、次级和三级飞羽表面黄色沾绿色或灰绿色，其余翼羽黑褐色而具白色或灰色横斑，头颈和颈侧灰色，有一黑色下颊纹，下体乌灰色，胸部有时较绿或沾黄褐色。雌鸟额至后颈均为灰色而具黑纹，其余似雄鸟。虹膜红色，喙灰黑色，跗跖和趾灰绿色或褐绿色。

生境与习性：主要栖息于低山阔叶林和混交林，也出现于次生林和林缘地带。常单独或成对活动，很少成群。常在树干的中下部取食，也常在地面取食。主要以鳞翅目、鞘翅目、膜翅目等昆虫为食，偶尔也取食植物果实和种子。繁殖期 4~6 月。营巢于树洞中。

保护区分布：见于相格宗和扎嘎寺，较常见。

十七、隼形目

FALCONIFORMES

在最新的分类系统中，原隼形目中的美洲鹫科（Cathartidae）上升为独立的目，即美洲鹫目（Cathartiformes），鹰科（Accipitridae）、鹗科（Pandionidae）和蛇鹫科（Sagittariidae）则一起组成鹰形目，新的隼形目下仅保留隼科。

多为小型猛禽。喙短而强壮，尖端钩曲，上喙两侧具单个齿突。鼻孔圆形，中间有柱状物。翅长而尖，多数外侧初级飞羽内翈有缺刻。尾较长，多为圆尾或凸尾。胫较跗跖长，跗跖裸露，通常较短而粗壮，趾稍长而有力，爪钩曲而锐利。

通常栖息和活动于开阔旷野、耕地、疏林和林园地带，飞行迅速。既能在地上捕食也能在空中飞行捕食。食物主要为小型鸟类、啮齿动物和昆虫。营巢于树洞或岩洞中，有的种类常侵占其他鸟类的巢。

杨楠 拍摄　　　　　　　　　　　　　　　杨楠 拍摄

75. 红隼
国家二级重点保护野生动物

学名： *Falco tinnunculus*　　　　**英文名：** Common Kestrel　　　　**藏语音译：** 查马

识别特征： 小型猛禽，体长 31~38 cm。翅狭长而尖，尾亦较长。雄鸟头蓝灰色，背和翅上覆羽砖红色，具三角形黑斑，腰、尾上覆羽和尾羽蓝灰色，眼下有一条垂直向下的黑色髭纹，下体、颏、喉乳白色或棕白色。雌鸟上体从头至尾棕红色，具黑褐色纵纹和横斑，下体乳黄色，具黑色眼下髭纹。虹膜暗褐色，喙蓝灰色，先端黑色，基部黄色，蜡膜和眼睑黄色，跗跖和趾深黄色。

生境与习性： 栖息于山地森林、低山丘陵、草原等各类生境中。飞行时两翅快速扇动，偶尔进行短暂滑翔。在空中觅食，常在地面低空飞行搜寻食物，有时扇动两翅在空中做短暂悬停观察猎物，发现猎物后会突然俯冲而下直扑猎物。捕食昆虫、鸟类及鼠类。繁殖期 5~7 月。常营巢于悬崖、土洞、树洞和喜鹊、乌鸦以及其他鸟类在树上的旧巢中。

保护区分布： 保护区常见。

杨楠 拍摄　　　　　　　　　周华明 拍摄

76. 燕隼

国家二级重点保护野生动物

学名：*Falco subbuteo*　　　　**英文名**：Eurasian Hobby　　　　**藏语音译**：勒勒察母

识别特征：小型猛禽，体长 29~35 cm。雌雄相似。额基棕白色，头顶至背黑褐色，后颈具浅黄色颈斑。腰及尾上覆羽灰褐色，尾灰褐色。飞羽黑褐色，翅上覆羽暗灰色。眉纹和眼先棕白色，耳羽黑褐色，颊淡黄色，髭纹黑色。下体白色沾棕黄色，胸、腹和两肋具较粗的黑褐色纵纹，尾下覆羽及腿部覆羽锈红色。虹膜黑褐色，喙蓝黑色，蜡膜黄绿色，跗跖和趾黄色。

生境与习性：栖息和活动于有稀疏树木生长的开阔平原、旷野、耕地、疏林和林缘地带。单独或成对活动，飞行快速而敏捷。常在田边、林缘和沼泽地上空飞行捕食，有时也到地上捕食。主要以麻雀、山雀等雀形目小鸟为食，也捕食昆虫。繁殖期 5~7 月。营巢于树林或林缘和田间高大乔木上，常侵占乌鸦和喜鹊巢。

保护区分布：见于剪子弯山一带，偶见。

张永 拍摄   周华明 拍摄

77. 游隼

国家二级重点保护野生动物

学名： *Falco peregrinus*　　**英文名：** Peregrine Falcon　　**藏语音译：** 查俄呷

识别特征： 中型猛禽，体长 41~50 cm。雌雄相似。翅长而尖，眼周黄色，具较粗的黑色髭纹，头至后颈灰黑色，其余上体蓝灰色。下体白色，上胸有黑色细斑点，下胸至尾下覆羽密被黑色横斑。飞行时翼下和尾下白色，密布黑色横带。虹膜暗褐色，眼睑和蜡膜黄色，喙铅蓝灰色，基部黄色，喙尖黑色，跗跖和趾橙黄色。

生境与习性： 主要栖息于山地、丘陵、荒漠、半荒漠、海岸、旷野、草原、河流、沼泽与湖泊沿岸地带，也到开阔的农田、耕地和村屯附近活动。飞行迅速，多单独活动。主要捕食雉类等中小型鸟类，偶尔也捕食鼠类和兔类等小型哺乳动物。繁殖期 4~6 月。营巢于林间空地、河谷悬崖、丛林以及其他各类生境中人类难于到达的悬崖峭壁上。

保护区分布： 见于下渡沟，少见。

十八、鹦鹉目

　　多为中小型鸟类。体羽较艳丽。喙短厚且强壮，上喙弯曲，两侧缘有缺刻，喙基部具蜡膜。上喙与头骨的连接犹如铰链一样，能活动自如。胸椎为后凹型。舌多肉质而柔软，并具一角质匙状端，善于模仿人言和其他鸟鸣。脚为对趾型，前后各2趾。跗跖短而有力，爪尖锐弯曲，适于在树上攀缘。

　　主要栖息于森林中，多为树栖性，能用脚和喙攀爬。食物主要为植物果实、种子、花蜜等植物性食物。营巢于树洞或岩石缝隙和洞中。雏鸟晚成性。

雌鸟　张永 拍摄　　　　　　　　雄鸟　张永 拍摄

78. 大紫胸鹦鹉

国家二级重点保护野生动物

学名： *Psittacula derbiana*　　　　**英文名：** Lord Derby's Parakeet　　　　**藏语音译：** 勒左破马

识别特征： 体长 35~50 cm。雄鸟头及颈侧紫灰色，额及脸沾紫蓝色或紫绿色，颊黑色，延伸到颈侧，自颏以下为葡萄紫色，后颈、肩、背、腰和尾上覆羽辉绿色，尾羽中央蓝色，两侧绿色，肛周、尾下覆羽及腿部覆羽绿色。雌鸟和雄鸟大致相似，但中央尾羽较短。虹膜黄白色，雄鸟上喙珊瑚红色，雌鸟上喙黑色，下喙雌雄均为黑色，跗跖和趾灰绿色。

生境与习性： 栖息于海拔 4 000 m 以下的山地阔叶林、混交林和针叶林中。常成30~50只的大群活动，边飞边发出粗厉而嘈杂的叫声。主要以植物果实与种子为食，偏好松树球果、板栗、青冈、核桃等坚果，以及浆果和谷物。在格西沟保护区内主要以高山松和栎类的种子为食，在冬季食物缺乏的情况下，也会到保护区周边的农耕地觅食。繁殖期 5~7 月。主要利用冷杉、云杉等高大树木的树洞作为休息和繁殖场所。

保护区分布： 见于相格宗、格西沟和县城附近林区，偶见。

十九、雀形目

PASSERIFORMES

鸟纲中种类最多的一目。在鸟类进化史上，较其他目出现晚并且分化明显，形态变化亦甚大。多为小型陆栖鸟类，尤以树栖为主。喙通常小而强。脚较短弱，4 趾，不具蹼。跗跖前面多为盾状鳞，少数为靴状鳞，跗跖后面平滑呈棱状，为靴状鳞，仅百灵科（Alaudidae）具盾状鳞。初级飞羽 9~10 枚，尾羽多为 12 枚。雌雄同色或异色。若异色时，雄性羽色较雌性艳丽。

主要栖息于森林、草原、农田、水域、半荒漠、公园、居民区等各类生境中。善跳跃亦善鸣叫，不少种类还有模仿其他鸟类鸣叫的能力。营巢于树上、地面、树洞、草丛、灌丛、建筑物上和天然洞穴中。多为杂食性鸟类，部分植食性种类在繁殖期间也多以昆虫和昆虫幼虫为食。

雌鸟　李斌 拍摄

79. 红翅鵙鹛

学名： *Pteruthius aeralatus*　　　　**英文名：** Blyth's Shrike Babbler　　　　**藏语音译：** 觉母序马

识别特征： 体长 15~18 cm。雄鸟头部黑色，眉纹白色，耳羽暗灰色，背至尾上覆羽蓝灰色，尾亮黑色，翼上覆羽黑色，飞羽暗褐色，三级飞羽栗红色，下体浅灰色，腹部中央和尾下覆羽白色。雌鸟头部蓝灰色，眉纹浅灰色，耳羽灰色，覆羽和飞羽暗褐色，尾绿色，颏至胸灰色，腹部皮黄色，尾下覆羽白色。虹膜绿色或灰色或蓝灰色，喙黑色，下喙偏蓝色，跗跖和趾肉红色。

生境与习性： 主要栖息于海拔 1 000~2 500 m 的落叶阔叶林、常绿阔叶林和针阔混交林等茂密的山地森林中。除繁殖期间成对活动外，其他季节多单独或成 3~5 只或 10 余只的小群活动。主要以各种昆虫为食。繁殖期 5~7 月。营巢于茂密森林中，巢多置于树顶端细而下垂的侧枝末梢枝杈上。

保护区分布： 见于格西沟，少见。

张永 拍摄

80. 淡绿鹀鹛

学名： *Pteruthius xanthochlorus*　　　**英文名：** Green Shrike Babbler　　　**藏语音译：** 觉母友甲

识别特征： 体长 11~13 cm。雄鸟额至上背暗蓝灰色，其余上体橄榄绿色，两翅黑褐色，大覆羽和飞羽外缘蓝灰色，初级覆羽黑褐色，尾黑褐色，眼先近黑，眼周具白圈，颏至胸浅灰白色，胁橄榄黄色，腹及尾下覆羽黄白色。雌鸟似雄鸟，但头顶褐灰色。虹膜灰色或暗灰色，上喙黑色，下喙褐色，基部蓝灰色，跗跖肉色。

生境与习性： 主要栖息于海拔 1 500~3 000 m 的山地针叶林和针阔混交林中。常单独或成对活动。主要以昆虫为食，也取食浆果、种子等植物性食物。繁殖期 5~7 月间。常营巢于茂密的森林中，巢常悬吊于树木侧枝枝杈间。

保护区分布： 见于格西沟、扎嘎寺附近林区，偶见。

雌鸟　杨楠 拍摄　　　　　雄鸟　杨楠 拍摄

81. 长尾山椒鸟

学名： *Pericrocotus ethologus*　　**英文名：** Long-tailed Minivet　　**藏语音译：** 纳序俄纳破马妞仁

识别特征： 体长 17~20 cm。雄鸟头顶至上背黑色，具蓝色金属光泽，上体余部红色，中央尾羽黑色，其余尾羽红色，翅大部黑色，额、喉黑色，肛周近白，下体余部鲜红。雌鸟额灰色沾黄色，向后至枕部转为褐灰色，耳羽灰色，上背灰橄榄绿色，上体余部鲜黄绿色，尾、翅鲜黄绿色，额浅黄色，下体余部纯柠檬黄色。虹膜暗褐色，喙、跗跖均为黑色。

生境与习性： 主要栖息于山地森林中，常成 3~5 只的小群活动，有时也见 10 多只的大群。主要以昆虫为食。繁殖期 5~7 月。常于乔木上营巢，悬吊于枝杈间。

保护区分布： 见于格西沟、县城附近林区，偶见。

雄鸟 李斌 拍摄　　　　　　　　雌鸟 张永 拍摄

82. 短嘴山椒鸟

学名：*Pericrocotus brevirostris*　　　**英文名**：Short-billed Minivet　　　**藏语音译**：日夏曲童金

识别特征：体长 17~20 cm。雄鸟从头至背黑色，腰和尾上覆羽赤红色，两翅黑色具赤红色翼斑，中央尾羽黑色，外侧尾羽红色，颊、喉黑色，其余下体赤红色。雌鸟额和头顶前部深黄色，头顶至背污灰色，颊和耳羽黄色，腰和尾上覆羽深橄榄黄色，两翅黑色具黄色翼斑，中央尾羽黑色，外侧尾羽黄色。虹膜褐色，喙、跗跖黑色。

生境与习性：栖息在海拔 1 000~2 500 m 的山地常绿阔叶林、落叶阔叶林、针阔混交林和针叶林等各类森林中。常成对或成小群活动在高大的树冠层，有时亦集成 30~40 只的大群。主要以昆虫为食，偶尔取食种子和果实等植物性食物。繁殖期 5~7 月。营巢于树木侧枝上。

保护区分布：见于格西沟、县城附近林区，少见。

李斌 拍摄　　　　　　　　　　　　杨楠 拍摄

83. 黑卷尾

学名：*Dicrurus macrocercus*　　　**英文名**：Black Drongo　　　**藏语音译**：纳吓

识别特征：体长 24~30 cm。雄鸟上体自头、肩、背、腰至尾上覆羽均为黑色并具蓝绿色金属光泽，尾形呈叉状，下体颏、喉、胸、腹至尾下覆羽均为黑褐色，胸部具铜绿色光泽。雌鸟和雄鸟相似，但色泽稍暗。虹膜褐色，喙、跗跖黑色。

生境与习性：主要栖息于低山丘陵和平原地带，常在溪谷、沼泽、田野、村寨等开阔地带的小块林地、竹林和稀树草坡等生境中活动。多成对或成小群活动。喜欢停歇在高大乔木或电线上，当发现猎物时，则迅速飞下捕捉，然后又直接飞向高处。主要以各类昆虫为食，领域性甚强，性好斗。繁殖期 4~7 月。多营巢于阔叶树上。

保护区分布：见于相格宗、扎嘎寺，偶见。

84. 灰卷尾

学名： *Dicrurus leucophaeus*　　　　**英文名：** Ashy Drongo　　　　**藏语音译：** 特亚吓吓

识别特征： 大小和黑卷尾相似，体长 25~32 cm。雌雄相似。尾长而分叉，通体淡蓝灰色，鼻羽和额黑色，初级飞羽端部黑褐色，最外侧一对尾羽外翈黑褐色。头侧白色或灰色，额黑灰色，下腹和尾下覆羽近白色。虹膜绯红色或橙红色，喙、跗跖黑色。

生境与习性： 主要栖息于山地森林中，有时亦出现在农田、果园和村落附近的树上。常单独或成对活动，有时亦集成 3~5 只的小群。捕食习性似黑卷尾。主要以昆虫为食，偶尔也取食杂草种子和植物果实等少量植物性食物。领域性甚强。繁殖期 4~7 月。常营巢于乔木顶部树冠层的侧枝枝杈上。

保护区分布： 见于县城附近，少见。

117

雄鸟　顾海军 拍摄　　　　　　　　　　雌鸟　李斌 拍摄

85. 虎纹伯劳

学名： *Lanius tigrinus*　　　　**英文名：** Tiger Shrike　　　　**藏语音译：** 特瓦共打

识别特征： 体长 16~19 cm。雄鸟前额黑色，头顶至后颈蓝灰色，背至腰红棕色，具黑色波状斑，尾上覆羽棕褐色，尾棕褐色，翅上覆羽红棕色亦有黑色波状斑，下体近白色。雌鸟似雄鸟，但上体红色较淡，眼先色浅，胸侧、两胁有黑色斑纹。虹膜褐色，喙黑色，上喙先端弯曲成钩状，跗跖和趾黑褐色。

生境与习性： 主要栖息于低山丘陵和平原地区的森林和林缘地带，尤以开阔的次生阔叶林、灌木林和林缘灌丛地带较常见。多单独或成对活动。性凶猛。主要以昆虫为食，也猎食蜥蜴、小型鸟类等脊椎动物。繁殖期 5~7 月。常置巢于小树或灌丛上。

保护区分布： 见于扎嘎寺和剪子弯山，少见。

周华明 拍摄　　　　　　　　　　　亚成鸟　张永 拍摄

86. 红尾伯劳

学名：*Lanius cristatus*　　　　　**英文名**：Brown Shrike　　　　　**藏语音译**：特瓦妞马

识别特征：体长 18~21 cm。雌雄相似。上体棕褐色或灰褐色，下背、腰棕褐色。两翅黑褐色，中覆羽、大覆羽和内侧覆羽外翈具棕白色羽缘和先端。头顶灰色或红棕色，具白色眉纹和较粗的黑色贯眼纹。尾上覆羽红棕色，尾羽棕褐色，尾呈楔形。额、喉白色，其余下体棕白色。两胁较多棕色。虹膜褐色，喙黑色或铅灰色，跗跖和趾黑色。

生境与习性：主要栖息于低山丘陵和平原地带的灌丛、疏林和林缘地带。单独或成对活动，性活泼，常在枝头跳跃或飞上飞下。主要以昆虫等动物性食物为食。繁殖期 5~7 月。常营巢于低山丘陵的林地及灌丛中。

保护区分布：见于下渡沟，偶见。

张永 拍摄　　　　　　　　杨楠 拍摄

87. 棕背伯劳

学名：*Lanius schach*　　　　**英文名**：Long-tailed Shrike　　　　**藏语音译**：特瓦甲康

识别特征：体长 23~28 cm。雌雄相似。前额黑色，眼先、眼周和耳羽黑色，形成一条宽阔的黑色贯眼纹，头顶至上背灰色，下背、肩、腰和尾上覆羽棕色，翼上覆羽黑色，大覆羽具窄的棕色羽缘，飞羽黑色，具白色翼斑。尾羽黑色，颏、喉和腹中部白色，其余下体淡棕色或棕白色。虹膜暗褐色，喙和跗跖黑色。

生境与习性：主要栖息于低山丘陵和平原地带，夏季多在次生阔叶林和混交林的林缘地带活动。除繁殖期成对活动外，多单独活动。繁殖期常站在树枝顶端枝头高声鸣叫。领域性甚强，性凶猛。主要以昆虫等动物性食物为食，也捕食小型鸟类、蛙类、蜥蜴和啮齿类，偶尔也取食少量植物种子。繁殖期 4~7 月。营巢于乔木或高的灌木上。

保护区分布：见于格西沟、下渡沟、县城附近林区，较常见。

李斌 拍摄　　　　　　　　　张永 拍摄

88. 灰背伯劳

学名： *Lanius tephronotus*　　　　**英文名：** Grey-backed Shrike　　　　**藏语音译：** 特瓦甲吓

识别特征： 体长 22~25 cm。雌雄相似。额基黑色，眼先、眼周、颊和耳羽亦为黑色。头顶往后经头顶、后颈一直到下背均为暗灰色。腰和尾上覆羽棕色，尾羽黑褐色，两翅黑褐色。下体颏、喉和上胸白色，下胸、两胁浅棕白色，尾下覆羽棕色，其余下体白色。虹膜棕色或暗褐色，喙黑褐色，下喙基部灰黄色，跗跖黑色。

生境与习性： 主要栖息于次生阔叶林和混交林的林缘地带，也出入于农田和路边人工松树林、灌丛和稀树草坡。常单独或成对活动。主要以昆虫等动物性食物为食，也捕食小型鸟类和啮齿类。繁殖期 5~7 月。营巢于小乔木或灌木侧枝上。

保护区分布： 见于扎嘎寺和相格宗，偶见。

胡运彪 拍摄

89. 楔尾伯劳

学名：*Lanius sphenocercus*　　　　**英文名**：Chinese Grey Shrike　　　　**藏语音译**：特瓦吓吓

识别特征：伯劳中最大的一种，体长 25~31 cm。雌雄相似。上体从额、头顶、枕、后颈、背至尾上覆羽淡灰色或暗灰色。眼先、眼周和耳羽黑色，形成一条宽阔的黑色贯眼纹。尾黑色，呈楔状，两翅黑色，飞羽基部白色，内侧飞羽具白色端斑。下体白色，有时微沾粉色。虹膜褐色，喙黑色，喙基部和下喙灰色，跗跖黑色。

生境与习性：主要栖息于丘陵、草地、荒漠和半荒漠等林木稀少的开阔地带，尤以有稀疏树木或灌丛生长的平原湖泊或溪流附近较常见。常单独或成对活动，偶尔也见 3~5 只的小群。性活泼。主要以昆虫为食，也捕食蜥蜴、蛙类、小型鸟类和啮齿类等小型脊椎动物。繁殖期 5~7 月。营巢于林缘疏林和有稀疏树木生长的灌丛中。

保护区分布：见于剪子弯山，偶见。

周华明 拍摄 　　　　　　　　　　　　　　　　张永 拍摄

90. 松鸦

学名： *Garrulus glandarius* 　　　**英文名：** Eurasian Jay 　　　**藏语音译：** 卡达共色

识别特征： 体长 28~35 cm。雌雄相似。头顶、后颈、背、肩及腰均为棕色，尾上覆羽白色，尾黑色。初级飞羽、小覆羽和次级飞羽黑色，大覆羽、初级覆羽和外侧数枚次级飞羽外翈基部具鲜明的蓝、黑、白相间的横斑。颏、喉、尾下覆羽白色，下体余部浅棕色。虹膜灰色或淡褐色，喙黑色，跗跖肉色。

生境与习性： 森林鸟类，常年栖息在针叶林、针阔混交林、阔叶林等森林中，有时也到林缘疏林地带和天然次生林内。除繁殖期多见成对活动外，其他季节多成 3~5 只的小群四处游荡。杂食性，食物组成随季节和环境而变化。繁殖期 4~7 月。多营巢于山地溪流和河岸附近的针叶林及针阔混交林中的乔木上。

保护区分布： 见于格西沟，偶见。

杨楠 拍摄

91. 喜鹊

学名：*Pica pica*　　　　　**英文名**：Common Magpie　　　　　**藏语音译**：吓阿

识别特征：体长 40~50 cm。雌雄相似。头、颈、背及尾上覆羽均为黑色，具蓝绿色金属光泽。肩和初级飞羽内翈大部白色，形成翼斑。腰灰色和白色相杂或纯黑。尾黑色，具铜绿色金属光泽，末端光泽转为紫红和深蓝绿色。颏、喉、胸、下腹及腿部覆羽均黑色。上腹和胁白色。虹膜黑褐色，喙和跗跖黑色。

生境与习性：主要栖息于平原、丘陵和低山地带，尤其是山麓、林缘、农田、村庄、城市公园等人类居住环境附近较常见，喜欢和人类为邻。除繁殖期间成对活动外，常成 3~5 只的小群活动，秋冬季常集成数十只的大群。杂食性，食物组成随季节和环境而变化。夏季主要以昆虫等动物性食物为食，其他季节则主要以植物果实和种子为食。繁殖期 3~5 月。常营巢在高大乔木上。

保护区分布：保护区全域可见，常见。

杨楠 拍摄 张永 拍摄

92. 星鸦

学名： *Nucifraga caryocatactes*　　　　**英文名：** Spotted Nutcracker　　　　**藏语音译：** 卡达共体

识别特征： 体长 30~38 cm。雌雄相似。额、头顶和枕黑褐色，上体棕褐色，背、肩杂以白色点斑，尾上覆羽烟黑色。尾羽黑色。两翅表面大部分黑色而具蓝色闪光。眼先白色，颈侧和眼周黑褐色而具白色纵纹。下体暗棕褐色，颏具白纹，胸具白色点斑，尾下覆羽白色。虹膜暗褐色至黄褐色，喙、跗跖和趾黑色。

生境与习性： 主要栖息于山地针叶林和针阔混交林中，尤以针叶林较常见。常单独或成对活动，冬季成 3~5 只的小群。喜欢在林间路旁树上活动，并不时发出单调而粗糙的"嘎——嘎——"声。有贮藏食物的习性。主要以红松、云杉和落叶松等针叶树种子为食，也取食浆果和其他树木的种子以及昆虫。繁殖期 4~6 月。营巢于针叶林或以云杉、红松等针叶树占优势的针阔混交林内。

保护区分布： 见于格西沟、扎嘎寺林区，较常见。

杨楠 拍摄

杨楠 拍摄

93. 红嘴山鸦

学名： *Pyrrhocorax pyrrhocorax*　　　**英文名：** Red-billed Chough　　　**藏语音译：** 江卡曲马

识别特征： 体长 36~48 cm。雌雄相似。全身羽色纯黑色，具蓝紫色金属光泽。虹膜褐色或暗褐色，喙和跗跖朱红色。

生境与习性： 主要栖息于开阔的低山丘陵和山地，最高海拔可达 4 500 m。常见在河谷、高山草地、稀树草坡、草甸灌丛、高山裸岩、半荒漠等开阔地带活动。地栖性，常成对或成小群在地上活动和觅食，也喜欢成群飞行。善鸣叫，成天吵闹不息，甚为嘈杂。有时也和喜鹊、寒鸦等其他鸟类混群活动。主要以各种昆虫为食，也取食植物果实、种子、嫩芽等。繁殖期 4~7 月。常营巢于悬崖上的岩洞或缝隙中。

保护区分布： 见于剪子弯山、扎嘎寺、相格宗及县城附近，常见。

126

杨楠 拍摄

94. 达乌里寒鸦

学名：*Corvus dauuricus*　　　　**英文名**：Daurian Jackdaw　　　　**藏语音译**：吓瓦各呷

识别特征：体长 30~35 cm。雌雄相似。额、头顶、头侧、颏、喉黑色具蓝紫色金属光泽。枕部、耳羽杂有白色细纹。后颈、颈侧、上背、胸、腹灰白色或白色，其余体羽黑色具紫蓝色金属光泽。虹膜黑褐色，喙和跗跖黑色。

生境与习性：主要栖息于山地、丘陵、平原、农田、旷野等各类生境中。常在林缘、农田、河谷、牧场处活动，晚上多栖于附近树上和悬崖岩石上，喜成群，有时也和其他鸦科鸟类混群活动。主要在地上觅食，主要以昆虫为食，也取食鸟卵、雏鸟、动物尸体、草籽等其他食物，食性较杂。繁殖期 4~6 月。常营巢于悬崖洞穴中，也在树洞和高大建筑物屋檐下筑巢。

保护区分布：见于剪子弯山、扎嘎寺，常见。

杨楠 拍摄

95. 秃鼻乌鸦

学名： *Corvus frugilegus*　　　　　**英文名：** Rook　　　　　**藏语音译：** 卡达共纳、江纳

识别特征： 体长 41~51 cm。雌雄相似，全身羽毛亮黑色并具紫色金属光泽。额和喙基裸露，覆以灰白色皮膜。圆尾。幼鸟和成鸟相似，但通体暗黑色无光泽，额和喙基部不裸露，鼻孔被覆有刚毛。虹膜褐色，喙和跗跖黑色。其他乌鸦喙基部不为灰白色，野外不难区分。

生境与习性： 主要栖息于低山、丘陵和平原地带，尤喜农田、河流和村庄附近。常成群活动，冬季有时也和其他鸦科鸟类混合成大群。活动时伴随着粗犷而单调的叫声，甚为嘈杂，其声似"嘎嘎嘎"。主要以昆虫为食，也取食植物果实、草籽，有时甚至取食动物尸体和垃圾。繁殖期 4~7 月。常营巢于林缘、河岸、水塘和农田附近的小块树林中的乔木上。

保护区分布： 见于扎嘎寺，少见。

张永 拍摄

96. 小嘴乌鸦

学名： *Corvus corone*　　　　**英文名：** Carrion Crow　　　　**藏语音译：** 卡达曲穷

识别特征： 外形和羽色与大嘴乌鸦相似，体长 45~53 cm。雌雄相似。通体黑色具紫蓝色金属光泽。虹膜黑褐色，喙、跗跖黑色。与相似种大嘴乌鸦相比，嘴峰较直、弯曲小。

生境与习性： 栖息于低山、丘陵和平原地带的疏林及林缘地带。除繁殖期单独或成对活动外，其他季节亦少成群或集群不大，常 3~5 只。性机警，很难靠近。杂食性，主要以昆虫以及植物果实与种子为食，也取食蛙类、蜥蜴、鱼类、小型鼠类、雏鸟、动物尸体等。繁殖期 4~6 月。营巢于高大乔木顶端枝杈上。

保护区分布： 见于相格宗、格西沟、剪子弯山、扎嘎寺，偶见。

杨楠 拍摄　　　　　　　　　　　　　　　杨楠 拍摄

97. 大嘴乌鸦

学名： *Corvus macrorhynchos*　　　　**英文名：** Large-billed Crow　　　　**藏语音译：** 卡达曲切

识别特征： 体长 45~54 cm。雌雄相似。通体黑色具紫绿色金属光泽。喙粗大，嘴峰弯曲，喙基部长有羽毛，延伸至鼻孔处。额较陡突。尾长、呈楔状。虹膜褐色或暗褐色，喙和跗跖黑色。

生境与习性： 主要栖息于平原和山地阔叶林、针阔混交林、针叶林等各种森林中。除繁殖期成对活动外，其他季节多成 3~5 只或 10 多只的小群活动，有时与其他鸦类混群活动。性机警。主要以昆虫为食，也取食雏鸟、鸟卵、鼠类、腐肉、动物尸体以及植物嫩叶、种子和农作物种子等。繁殖期 3~6 月。营巢于高大乔木顶部枝杈处。

保护区分布： 保护区全域可见，极为常见。

杨楠 拍摄　　　　　　　　　　　　　　　　杨楠 拍摄

98. 渡鸦

学名： *Corvus corax*　　　　　**英文名：** Common Raven　　　　　**藏语音译：** 破若、吓若

识别特征： 体长 61~71 cm。雌雄相似。全身羽毛黑色，具蓝紫色金属光泽。鼻须长而发达，几乎盖住上喙的一半。虹膜褐色或暗褐色，喙、跗跖、趾均为黑色。

生境与习性： 主要栖息于林缘草地、河畔、农田、村落、荒漠、半荒漠，一直到海拔 5 000 m 左右的高山森林草甸、高原和高原牧场等各类生境。多单独、成对或成小群活动，有时亦见数十只，甚至近百只的大群。叫声粗哑、低沉。主要在地上觅食。食性较杂，主要以大型昆虫、蛙类、爬行动物、小型鼠类等动物性食物为食，也取食腐尸、垃圾以及种子等。繁殖期 3~6 月。常营巢于乔木上部枝杈上和悬崖岩壁缝隙中或凹陷处。

保护区分布： 见于扎嘎寺。

雄鸟　李斌 拍摄

99. 火冠雀

学名：*Cephalopyrus flammiceps*　　　**英文名**：Fire-capped Tit　　　**藏语音译**：纳衣俄马

识别特征：体长 8~10 cm。雄鸟额火红色，上体橄榄绿色，腰和尾上覆羽黄绿色，尾黑褐色，两翅黑褐色，中覆羽和大覆羽具淡色端斑，飞羽黑褐色，眼先黄色，微沾赤红色，颊和耳羽黄绿色。颏、喉橙黄色，胸黄绿色，腹、两胁和尾下覆羽烟灰色，微沾黄绿色。雌鸟额及喉无红色和橙黄色。虹膜暗褐色，喙灰褐色，跗跖青灰色。

生境与习性：主要栖息于高山针叶林和针阔混交林中，也栖息于林线上缘杜鹃灌丛和低山平原树林中。除繁殖期间单独或成对活动外，其他时候多成群。树栖性，善于在树干和枝叶上攀缘觅食。主要以昆虫为食，也取食草籽和花蕊。繁殖期5~6 月。营巢在树干上部小的天然树洞中，也在一些粗的侧枝上的洞隙中营巢。

保护区分布：见于下渡沟，少见。

杨楠 拍摄

100. 黄眉林雀

学名：*Sylviparus modestus*　　　**英文名**：Yellow-browed Tit　　　**藏语音译**：纳衣米色

识别特征：体长 9~10 cm。雌雄相似。上体橄榄绿色，额至头顶褐色，各羽中央较暗。额基、头侧和颈侧黄绿色杂有褐色，眉纹短粗呈黄色，两翅和尾褐色。大覆羽具淡色羽缘形成一道翼斑。下体淡黄绿色。幼鸟和成鸟相似。但羽色较暗而少光泽，眉纹淡黄色，体羽亦较松散。虹膜暗褐色，喙暗铅色，跗跖铅黑色。

生境与习性：主要栖息于海拔 3 000 m 以下的山地常绿阔叶林、针阔混交林、针叶林等各类森林中，也栖息于竹林、次生林和林缘疏林灌丛，冬季亦见于山麓和平原地带的树丛中。常单独或成对活动，也成数只至 10 余只的小群活动和觅食，有时也和柳莺、雀鹛、凤鹛等鸟类混群。主要以昆虫为食，也取食植物果实和种子等植物性食物。

保护区分布：见于格西沟、相格宗，较常见。

李斌 拍摄　　　　　　　　　　　　　　　　　　　　杨楠 拍摄

101. 黑冠山雀

学名：*Periparus rubidiventris*　　　　**英文名**：Rufous-vented Tit　　　　**藏语音译**：纳衣祖纳

识别特征：体长 10~12 cm。雌雄相似。额、头顶、眼先、枕和后颈亮黑色，后颈有一大块白斑，颊、耳羽和颈侧淡黄色，在头侧亦形成大块白斑。背、肩、腰和尾上覆羽暗蓝灰色，尾暗褐色，两翅覆羽暗褐色，羽缘蓝灰色。飞羽暗褐色。颏、喉和上胸黑色，下胸、腹和两胁橄榄灰色，尾下覆羽和两胁棕色。虹膜暗褐色，喙黑色，跗跖铅褐色。相似种煤山雀体型稍小，翅上有两道白色翼斑。

生境与习性：主要栖息于海拔 2 000~3 500 m 的山地针叶林和杜鹃灌丛中。繁殖期常单独或成对活动，其他时候多成 3~5 只或 10 余只的小群，有时亦见和其他山雀混群活动和觅食。主要以昆虫为食，也取食部分植物性食物。

保护区分布：见于扎嘎寺、相格宗、格西沟，较常见。

102. 煤山雀

学名：*Perirarus ater*　　　　英文名：Coal Tit　　　　藏语音译：纳衣俄纳

识别特征：体长约 9~12 cm。雌雄相似。头部黑色，具冠羽。颈侧、喉及上胸黑色，颈背部具白斑。翅上两道白色翼斑。上体深灰色或橄榄灰色，下体白色或略沾皮黄色。虹膜暗褐色，喙黑色，跗跖铅黑色。

生境与习性：主要栖息于海拔 3 000 m 以下的阔叶林、针阔混交林和针叶林中，也见于次生林和林缘疏林灌丛。除繁殖期单独或成对活动外，其他季节多成小群，有时也和其他山雀混群。主要以昆虫为食，也取食蜘蛛等小型无脊椎动物和少量植物果实、种子。繁殖期 3~7 月。常营巢于天然树洞中，也有少数在土崖裂隙和土洞中营巢。

保护区分布：见于扎嘎寺、相格宗、格西沟和下渡沟，较常见。

杨楠 拍摄

103. 褐冠山雀

学名： *Lophophanes dichrous*　　　　**英文名：** Grey-crested Tit　　　　**藏语音译：** 纳衣祖德

识别特征： 体长 10~12 cm。雌雄相似。前额、眼先和耳覆羽皮黄色杂有灰褐色。头顶至后颈以及背、肩、腰等上体为褐灰色或暗灰色，头顶有长而显著的褐灰色冠羽。尾上覆羽灰棕色，尾褐色。飞羽褐色。颏、喉、胸至尾下覆羽等下体淡棕色，颈侧棕白色，向后颈延伸形成半颈环状。虹膜褐色，喙黑色，跗跖铅黑色。

生境与习性： 主要栖息在海拔 2 500~4 200 m 的高山针叶林中，尤喜以冷杉、云杉等为主的针叶林，也见于针阔混交林和林缘疏林灌丛。常单独或成对活动，也成几只至 10 余只的小群，多活动在树林中下层。主要以昆虫为食，也取食部分植物的果实和种子。繁殖期 5~7 月。营巢于天然树洞或缝隙中。

保护区分布： 见于扎嘎寺、格西沟、下渡沟，较常见。

杨楠 拍摄　　　　　　　　　　　　　　　　　杨楠 拍摄

104. 沼泽山雀

学名：*Poecile palustris*　　　　**英文名**：Marsh Tit　　　　**藏语音译**：纳衣俄纳

识别特征：体长 10~13 cm。雌雄相似。前额、头顶、后颈为黑色而富有蓝色光泽，背、肩、腰和尾上覆羽灰褐色。尾灰褐色。翼上覆羽与背同色。脸颊、耳羽和颈侧白色而沾灰。颏、喉黑色，其余下体白色，翼下覆羽亦为白色。虹膜褐色，喙黑色，跗跖铅黑色。

生境与习性：主要栖息于山地针叶林和针阔混交林中，也见于阔叶林、次生林和人工林。除繁殖期成对或单独活动外，其他季节多成几只至 10 余只的松散群，有时也与煤山雀、长尾山雀等其他鸟类混群。主要以昆虫为食，也取食蜘蛛等无脊椎动物和植物果实、种子及嫩芽等。繁殖期 4~6 月。营巢于天然树洞中，也在树木裂缝和啄木鸟废弃的巢洞以及人工巢箱中筑巢。

保护区分布：见于扎嘎寺，偶见。

李斌 拍摄

105. 大山雀

学名： *Parus cinereus*　　　　　**英文名：** Cinereous Tit　　　　　**藏语音译：** 纳衣

识别特征： 体长 13~15 cm。雄鸟前额、眼先、头顶、枕和后颈上部辉蓝黑色，脸颊、耳羽和颈侧白色，呈一近似三角形的白斑，上背和两肩黄绿色，翼上覆羽黑褐色，飞羽黑褐色，颏、喉和前胸辉蓝黑色，其余下体白色，具一条黑色纵带。雌鸟羽色和雄鸟相似，但体色稍暗淡，缺少光泽。虹膜褐色或暗褐色，喙黑褐色或黑色，跗跖暗褐色或紫褐色。

生境与习性： 主要栖息于低山和山麓地带的次生阔叶林、阔叶林和针阔混交林中，也见于人工林和针叶林。除繁殖期成对活动外，多成 3~5 只的小群，亦见单独活动。主要以昆虫为食，也取食少量蜘蛛、蜗牛等其他小型无脊椎动物和草籽、花等植物性食物。繁殖期 4~8 月。常营巢于天然树洞中，有时也在土坡和岩缝中营巢。

保护区分布： 保护区全域可见，常见。

张永 拍摄

106. 绿背山雀

学名：*Parus monticolus*　　　　**英文名**：Green-backed Tit　　　　**藏语音译**：纳衣甲郡

识别特征：体长 11~13 cm。雌雄相似。头黑色，两颊各具一大的白斑，在黑色的头部极为醒目。额至后颈上部亮蓝黑色，上背和肩黄绿，腰和尾上覆羽铅灰蓝色。尾黑褐色，最外侧一对尾羽端部和外翈白色。飞羽黑褐色，覆羽黑褐色，次级覆羽具灰蓝色羽缘和白端。颏至胸黑色，胸侧和腹部辉黄色，中央具一条黑色纵带。虹膜黑褐色，喙和跗跖黑色。

生境与习性：主要栖息在山地针叶林、针阔混交林、阔叶林和次生林以及林缘疏林灌丛。常成对或成小群活动。主要以昆虫为食，也取食少量草籽等植物性食物。繁殖期 4~7 月。营巢于天然树洞中，也在墙壁和岩石缝隙中营巢。

保护区分布：见于下渡沟、格西沟、相格宗、扎嘎寺和县城附近，常见。

107. 长嘴百灵

学名：*Melanocorypha maxima*　　　　**英文名**：Tibetan Lark　　　　**藏语音译**：卡拉贡衣

识别特征：体长 19~23 cm。雌雄相似。喙较厚且长，末端微曲。上体褐色或沙褐色，具较粗的黑色或黑褐色中央纹，头和腰缀有明显的棕色。翼覆羽和内侧飞羽具宽的皮黄色羽缘，次级飞羽和三级飞羽具白色尖端，外侧尾羽白色。下体白色，胸沾灰色，有时缀有不清晰的褐色斑点，两胁缀有棕色。虹膜暗褐色，喙褐色或黄色，尖端黑色，跗跖黑色。

生境与习性：主要栖息于开阔的草原和牧场，尤喜湿润的湿地周围，也出现于开阔的裸露平原、废弃的牧场和沼泽地带。常单独或成对活动，很少成群。主要以嫩叶、草籽、浆果等植物性食物为食，也取食农作物和昆虫。繁殖期 5~7 月。常营巢于草地的凹坑内。

保护区分布：见于剪子弯山附近草甸地带，夏季常见。

108. 细嘴短趾百灵

学名：*Calandrella acutirostris*　　　　　**英文名**：Hume's Short-toed Lark
藏语音译：贡序觉母、卡拉贡衣切穷

识别特征：体长 14~17 cm。雌雄相似。喙较细。上体沙棕褐色、具黑色纵纹，有短的淡棕色眉纹。翼覆羽沙棕色，初级飞羽黑褐色具沙棕色羽缘。尾羽黑褐色，最外侧两对尾羽具白色或浅棕色斑，其余尾羽仅具白色尖端。下体为白色或近白色，沾少许皮黄色或赭色。虹膜黑褐色，喙黄色，尖端黑色，跗跖黄褐色。

生境与习性：主要栖息于干旱平原、高原、多砾石的山地平原。常成对或成群活动，迁徙期常集成数十甚至成百、上千只的大群。地栖性，善奔跑和跳跃。主要以昆虫和草籽为食。繁殖期 5~8 月。常营巢于地面天然凹坑内。

保护区分布：见于剪子弯山附近草甸地带，常见。

杨楠 拍摄

109. 凤头百灵

学名：*Galerida cristata*　　　**英文名**：Crested Lark　　　**藏语音译**：祖钦贡序、卡拉贡衣俄祖

识别特征：体长 16~19 cm。雌雄相似。上体沙褐色，具黑褐色羽干纹。头顶具黑褐色纵纹，有一簇由数枚长羽组成的羽冠。眼先、颊、眉纹淡棕色，贯眼纹黑褐色。尾上覆羽淡棕色，尾羽黑褐色。翼上覆羽沙褐色，飞羽黑褐色。下体棕白色，喉侧和胸密被黑褐色纵纹。虹膜暗褐色或沙褐色，喙褐色，跗跖肉色或黄褐色。

生境与习性：主要栖息于干旱平原、旷野、半荒漠和荒漠边缘地带，尤喜植被稀疏的干旱平原和半荒漠地带。除繁殖期外常成群活动。性活泼大胆，善于地面奔跑。主要以昆虫和植物种子为食。繁殖期 4~7 月。常营巢于荒漠草地上的凹坑内。

保护区分布：见于剪子弯山附近草甸地带，偶见。

110. 小云雀

学名：*Alauda gulgula*　　　　**英文名**：Oriental Skylark　　　　**藏语音译**：贡序穷穷

识别特征：体长 14~17 cm。雌雄相似。上体沙棕色，具黑褐色纵纹。头上有一短的羽冠，当受惊吓竖起时才明显可见。尾羽黑褐色，最外侧一对尾羽近纯白色，次一对外侧尾羽仅外翈白色。下体淡棕色或棕白色，胸部棕色较浓，密布黑褐色羽干纹。虹膜暗褐色或褐色，喙褐色，下喙基部淡黄色，跗跖肉色。

生境与习性：主要栖息于开阔平原、草地、河边沙滩等生境。除繁殖期成对活动外，其他时候多成群。常突然从地面垂直飞起，边飞边鸣，能悬停于空中片刻。降落时常突然两翅相叠，疾速下坠，或缓慢向下滑翔。主要以植物性食物为食，也取食昆虫等动物性食物。繁殖期 4~7 月。常营巢于地面凹处，巢多置于草丛中或树根旁的凹坑内。

保护区分布：见于剪子弯山附近草甸地带，偶见。

杨楠 拍摄

111. 角百灵

学名：*Eremophila alpestris*　　　　**英文名：**Horned Lark　　　　**藏语音译：**贡序祖钦

识别特征：体长 15~19 cm。雄鸟前额白色，前额白色之后有一宽的黑色横带，其两端各有 2~3 枚黑色长羽形成的羽簇伸向头后，状如两只"角"，眼先、颊、耳羽和喙基部黑色，眉纹淡黄色，尾上覆羽褐色，中央尾羽褐色，下体白色具宽阔的黑色胸带。雌鸟和雄鸟羽色相似，但羽冠短或不明显，胸部黑色横带亦较窄小。虹膜褐色或黑褐色，喙黑色，跗跖黑褐色。

生境与习性：主要栖息于高原草地、荒漠、戈壁滩和高山草甸等生境。多单独或成对活动，有时亦见成 3~5 只的小群。主要在地上活动，善于在地面短距离奔跑。善鸣叫。主要以草籽等植物性食物为食，也取食昆虫等动物性食物。繁殖期 5~8 月。常营巢于草丛基部的地面凹坑内。

保护区分布：保护区全域可见，夏季主要见于西部山原丘原灌丛草甸区，常见。

张永 拍摄

112. 棕扇尾莺

学名：*Cisticola juncidis*　　　　**英文名**：Zitting Cisticola　　　　**藏语音译**：序勒里昂

识别特征：体长9~11 cm。繁殖羽额、头顶和枕棕栗色，后颈浅棕褐色，上背黑褐色，下背、腰和尾上覆羽栗棕色，中央尾羽暗褐色，外侧尾羽黑褐色，初级和次级飞羽暗褐色，三级飞羽和翼上覆羽黑色，下体白色，前胸及两胁沾棕。非繁殖羽头顶和枕黑色，具纵纹下体淡棕黄色，腹部中央白色，其余部位与繁殖羽相似。虹膜红褐色，上喙褐色，下喙淡黄色，跗跖黄褐色。

生境与习性：主要栖息于丘陵和平原低地灌丛与草丛中。繁殖期单独或成对活动，领域性强，冬季多成3~5只或10余只的松散群。飞行时尾常呈扇形散开，并上下摆动。主要以昆虫为食，也取食蜘蛛等其他小型无脊椎动物以及种子等植物性食物。繁殖期4~7月。常营巢于草丛中。

保护区分布：见于下渡沟，少见。

145

杨楠 拍摄

113. 山鹪莺

学名： *Prinia crinigera*　　　　**英文名：** Striated Prinia　　　　**藏语音译：** 序勒妞仁

识别特征： 体长 13~18 cm。雌雄相似。尾甚长，尤其是冬天，有的长至 10 cm 以上。上体自额至上背栗褐色或暗栗色，具明显的纵纹。尾羽具暗褐色羽干纹，除中央一对尾羽外，其余尾羽均具淡棕色尖端。下体白色沾棕色，两胁和尾下覆羽棕色。虹膜橙黄色，喙黑色，跗跖棕黄色。

生境与习性： 主要栖息于低山丘陵和平原地带的农田、果园和村庄附近的草地和灌丛中。常单独或成对活动，有时亦见成 3~5 只的小群。多在灌木和草茎下部紧靠地面的枝叶间跳跃觅食。主要以昆虫为食。繁殖期 4~7 月。常营巢于草丛中，巢多筑于粗的草茎上，偶尔也营巢于低矮的灌木下部。

保护区分布： 见于下渡沟，偶见。

146

李斌 拍摄

114. 斑胸短翅蝗莺

学名：_Locustella thoracica_ **英文名：**Spotted Bush Warbler **藏语音译：**吓日序、细特母仲勒

识别特征：体长约 12 cm。雌雄相似。上体橄榄褐色，眉纹皮黄色，眼先淡黑褐色，耳羽浅棕褐而缀白色。腰和尾上覆羽呈淡赭褐色或橄榄褐色。翼上覆羽和飞羽与背同色。头侧、颈侧灰色，颏和喉白色或灰白色，胸灰色具黑色斑点。两胁和尾下覆羽暗棕色。虹膜褐色，喙黑褐色或黑色，跗跖灰褐色或肉黄色。

生境与习性：多栖息于海拔 2 000~4 200 m 的森林和灌丛中。单独或成对活动。主要以昆虫为食，也取食蜗牛、蜘蛛等其他无脊椎动物。繁殖期 5~7 月。多营巢于灌木上。

保护区分布：见于格西沟，少见。

张永 拍摄

115. 崖沙燕

学名：*Riparia riparia*　　　　**英文名**：Sand Martin　　　　**藏语音译**：苦打、巴巴旭仁

识别特征：体长约 12 cm。雌雄相似。上体从头顶、肩至上背和翼上覆羽深灰色，下背、腰和尾上覆羽灰褐色具不甚明显的白色羽缘。飞羽黑褐色，内䎃羽缘较淡。尾呈浅叉状。眼先黑褐色，耳羽灰褐色或黑褐色。颏、喉白色或灰白色，腹和尾下覆羽白色或灰白色，两胁灰白而沾褐色，翼下覆羽灰褐色。虹膜深褐色，喙黑褐色，跗跖灰褐色或黑褐色。

生境与习性：主要栖息于河流、沼泽、湖泊岸边的沙滩、沙丘和砂质岩坡上。常成群生活，多为 30~50 只，有时亦见数百只的大群。一般不远离水域，常成群在水面沼泽地上空飞行。主要以昆虫为食。在空中飞行捕食，专门捕食空中飞行性昆虫，尤其善于捕捉接近地面和水面的低空飞行昆虫。繁殖期 5~7 月。常营巢于河流或湖泊岸边的沙质悬崖上。

保护区分布：分布于雅砻江河谷附近和下渡村，较常见。

李斌 拍摄

116. 家燕

学名： *Hirundo rustica*　　　　**英文名：** Barn Swallow　　　　**藏语音译：** 苦打、各马旭仁

识别特征： 体长 15~19 cm。雌雄相似。前额深栗色，上体从头顶一直到尾上覆羽均为蓝黑色并富有金属光泽。颏、喉栗红色，胸亮蓝黑色，沾栗红色，下体余部均为白色或深红色。虹膜暗褐色，喙黑褐色，跗跖和趾黑色。

生境与习性： 喜欢栖息在人类居住的环境中。善飞行，整天大多数时间都成群地在村庄及其附近的田野上空不停地飞行。主要以昆虫为食。繁殖期 4~7 月。巢多置于人类房舍内外墙壁上、屋檐下或横梁上。

保护区分布： 见于格西沟、下渡沟和318国道附近村落，扎嘎寺附近也有分布，常见。

117. 岩燕

学名：*Ptyonoprogne rupestris*　　　　**英文名**：Eurasian Crag Martin　　　　**藏语音译**：苦打

识别特征：体长 13~17 cm。雌雄相似。头顶暗褐色，头部、后颈和颈侧、上体，包括尾上覆羽、翼上覆羽，均为褐灰色。两翅和尾暗褐色，尾羽短，除中央一对和最外侧一对尾羽无白斑外，其余尾羽近端 1/3 处有一白斑。颏、喉和上胸污白色，有的个体颏、喉具暗褐色或灰色斑点，下胸和腹深棕色。虹膜暗褐色，喙黑色，跗跖和趾肉色。

生境与习性：主要栖息于海拔 1 500~5 000 m 的高山峡谷地带。成对或成小群生活。善飞行。主要在空中飞行捕食各类昆虫。繁殖期 5~7 月。营巢于临近江河、湖泊、沼泽等水域附近的山崖或岩壁缝隙中。

保护区分布：见于扎嘎寺，较常见。

张永 拍摄

118. 金腰燕

学名： *Cecropis daurica*   **英文名：** Red-rumped Swallow   **藏语音译：** 苦打、各色旭仁

识别特征： 体长 16~20 cm。雌雄相似。前额、头顶至背部均为蓝绿色而具金属光泽，后颈杂有栗黄色。腰栗黄色。尾长，呈深叉状。颊和耳羽棕色并具暗褐色羽干纹。下体棕白色，尾下覆羽具细而疏的纵纹。虹膜暗褐色，喙黑褐色，跗跖和趾暗褐色。

生境与习性： 主要栖息于低山丘陵和平原地带的村庄、城镇等居民住宅区。常成群活动，性活跃。主要取食飞行性昆虫。繁殖期 4~9 月。常营巢于人类房屋等建筑物上，巢多置于屋檐下、天花板上或房梁上，喜欢利用旧巢。

保护区分布： 见于格西沟、下渡沟和 318 国道附近村落，扎嘎寺附近也有分布，常见。

杨楠 拍摄　　　　　　　　　　　　　　　　　　张永 拍摄

119. 烟腹毛脚燕

学名： *Delichon dasypus*　　　　**英文名：** Asian House Martin　　　　**藏语音译：** 巴巴序仁

识别特征： 体长 12~13 cm。雌雄相似。上体自额、头顶、头侧、背、肩均为黑色，头顶和上背具蓝黑色金属光泽。下背和腰白色并具细的褐色羽干纹。尾羽黑褐色，呈浅叉状。飞羽和覆羽黑褐色。下体自额、喉到尾下覆羽均为灰白色。虹膜暗褐色，喙黑色，跗跖和趾被白色绒羽。

生境与习性： 主要栖息在海拔 1 500 m 以上的山谷地带。常成群栖息和活动。善飞行。主要以昆虫为食，在空中捕食飞行性昆虫。繁殖期 6~8 月。常营巢于悬崖凹陷处或缝隙间。

保护区分布： 保护区全域均有分布，常见。

杨楠 拍摄 杨楠 拍摄

120. 黄臀鹎

学名： *Pycnonotus xanthorrhous*　　　**英文名：** Brown-breasted Bulbul　　　**藏语音译：** 序勒穷色

识别特征： 体长 17~19 cm。雌雄相似。额、头顶、枕、眼先、眼周均为黑色。耳羽灰褐色或棕褐色，背、肩、腰至尾上覆羽褐色，两翅和尾暗褐色。颏、喉白色，喉侧具不明显的黑色髭纹。其余下体污白色或乳白色，上胸灰褐色，形成一条宽的灰褐色胸带，两胁灰褐色或烟褐色，尾下覆羽黄色。虹膜棕色、茶褐色或黑褐色，喙和跗跖黑色。

生境与习性： 主要栖息于丘陵地带的次生阔叶林、针阔混交林和林缘地带。除繁殖期成对活动外，其他季节均成群活动。常 3~5 只一群，亦见有 10 至 20 只的大群。善鸣叫，鸣声清脆洪亮。主要以植物果实和种子为食，也取食昆虫等动物性食物，幼鸟几乎全部以昆虫为食。繁殖期 4~7 月。常营巢于灌丛和竹子上，也营巢于小树上。

保护区分布： 见于县城附近、下渡村和相格宗，常见。

杨楠 拍摄

121. 褐柳莺

学名： *Phylloscopus fuscatus*　**英文名：** Dusky Warbler　**藏语音译：** 吓日序贡德、细特姆贡德

识别特征： 体长 11~12 cm。雌雄相似。上体橄榄褐色。喙细小，跗跖细长。眉纹棕白色，贯眼纹暗褐色。尾暗褐色。颏、喉白色，其余下体乳白色，胸及两胁沾黄褐色。虹膜暗褐色或黑褐色，上喙褐色，下喙沾黄色，跗跖褐色。

生境与习性： 栖息于平原到海拔 4 500 m 的山地森林和林线以上的高山灌丛地带。常单独或成对活动。主要以昆虫为食。繁殖期 5~7 月。常营巢于灌木上，偶尔也直接营巢于地面上。

保护区分布： 见于格西沟、下渡沟和扎嘎寺，较常见。

李斌 拍摄 李斌 拍摄

122. 华西柳莺

学名： *Phylloscopus occisinensis*　　　　　　**英文名：** Alpine Leaf Warbler
藏语音译： 吓日序破色、细特姆破色

识别特征： 体长 10~11 cm。雌雄相似。上体橄榄绿色，两翅和尾褐色，翅上无翼斑。眉纹黄色，长而宽阔，贯眼纹淡黑色。下体亮黄色或黄绿色，胸侧、颈侧和两胁沾橄榄色，尾下覆羽深黄色。虹膜暗褐色，上喙黑褐色，下喙黄色，尖端暗褐色，跗跖褐色。

生境与习性： 主要栖息于海拔 1 000 ~ 5 000 m 的森林和林线以上的高山或高原灌丛中。常单独或成对活动，非繁殖期亦见成 3~5 只或 10 余只的小群。主要以昆虫为食。繁殖期 5~8 月。通常营巢于离地不高的灌丛下部。

保护区分布： 见于剪子弯山一带。

阚品甲 拍摄

123. 棕腹柳莺

学名： *Phylloscopus subaffinis*　　　　　　　　**英文名：** Buff-throated Warbler
藏语音译： 吓日序破德、细特姆破德

识别特征： 体长 9~11 cm。雌雄相似。上体自前额至尾上覆羽橄榄褐色，腰和尾上覆羽颜色稍浅。尾羽暗褐色或沙褐色。翅暗褐色无翼斑。眉纹皮黄色，贯眼纹绿褐色或暗褐色。下体棕黄色，颏、喉较浅，两胁较暗，翼下覆羽皮黄色。虹膜褐色，上喙黑褐色，下喙较淡，基部黄褐色，跗跖褐色。

生境与习性： 主要栖息于针叶林和林缘灌丛。常单独或成对活动，非繁殖期亦成松散的小群。主要以昆虫为食。繁殖期 5~8 月。营巢于灌丛中。

保护区分布： 见于格西沟和扎嘎寺，较常见。

杨楠 拍摄

124. 棕眉柳莺

学名：*Phylloscopus armandii*　　　　　　　　　**英文名**：Yellow-streaked Warbler
藏语音译：吓旬序米德、细特姆米德

识别特征：体长 11~13 cm。雌雄相似。上体橄榄褐色，腰沾绿黄色，两翅和尾黑褐色或暗褐色。眉纹棕白色，长而显著，贯眼纹暗褐色，颊和耳覆羽棕褐色，颈侧黄褐色。下体皮黄色并具细的暗色纵纹，两胁稍沾橄榄褐色，两胁和尾下覆羽皮黄色。虹膜褐色或暗褐色，喙黑褐色，下喙较淡，基部黄褐色，跗跖灰褐色或铅褐色。

生境与习性：主要栖息于海拔 3 200 m 以下的森林及林缘灌丛中，也栖息于生长有灌木的草甸和农田生境。常单独或成对活动，有时也集成松散的小群。主要以昆虫为食，也取食少量果实和种子。繁殖期 5~6 月。多营巢于灌丛中。

保护区分布：见于格西沟、下渡沟和扎嘎寺，较常见。

张永 拍摄

125. 橙斑翅柳莺

学名： *Phylloscopus pulcher*　　　　　　**英文名：** Buff-barred Warbler
藏语音译： 吓日序学勒德、细特姆旭勒德

识别特征： 体长 9~12 cm。雌雄相似。头顶暗绿，具不明显的顶冠纹。上体橄榄绿沾褐色，腰黄绿色。尾羽褐色，最外侧三对尾羽大部白色。飞羽末端黑褐色。大、中覆羽末端橙黄，形成两道翼斑。眼先、耳羽均为灰黑色，眉纹淡黄色，颊部灰黑色并沾黄色。颈侧、颏、喉和胸呈浅黄绿色。虹膜黑褐色，喙黑褐色，下喙基部暗黄色，跗跖褐色。

生境与习性： 主要栖息于海拔 1 500~4 000 m 的山地森林和林缘灌丛中，尤以高山针叶林和杜鹃灌丛中较常见。常单独或成对活动。主要以昆虫为食。繁殖期 5~7 月。营巢于山地森林中，巢多置于枝杈上或树干间。

保护区分布： 见于格西沟、剪子弯山、下渡沟和扎嘎寺，较常见。

杨楠 拍摄

126. 黄腰柳莺

学名： *Phylloscopus proregulus*　　**英文名：** Pallas's Leaf Warbler　　**藏语音译：** 吓日序格色

识别特征： 体长 8~11 cm。雌雄相似。上体大部呈橄榄绿色。额沾黄色，具淡黄色的顶冠纹。眉纹黄绿色。贯眼纹暗褐色。腰黄色。翅和尾羽黑褐色，外缘黄绿色。三级飞羽端部黄白色。大覆羽和中覆羽具淡黄色端斑，形成两道翼斑。下体灰白色并沾黄色，胁和尾下覆羽淡黄绿色。虹膜暗褐色，喙黑褐色，下喙基部暗黄色，跗跖淡褐色。

生境与习性： 繁殖期主要栖息于针叶林和针阔混交林，有时也栖息于阔叶林中。主要以昆虫为食，也取食蜘蛛等其他小型无脊椎动物。繁殖期 6~8 月。常营巢于落叶松和云杉等针叶树的侧枝上。

保护区分布： 见于格西沟、下渡沟和扎嘎寺，较常见。

杨楠 拍摄

127. 黄眉柳莺

学名： *Phylloscopus inornatus*　　　　　　　**英文名：** Yellow-browed Warbler
藏语音译： 吓日序米色、细特姆米色

识别特征： 体长 9~11 cm。雌雄相似。上体橄榄绿色，头顶有一条不甚明显的黄绿色顶冠纹。眉纹宽，淡黄色，贯眼纹暗褐色。尾羽和两翅黑褐色，外翈具黄绿色狭边。三级飞羽端部白色，大、中覆羽末端黄白色，形成两道明显的翼斑。胸、胁和尾下覆羽灰白色并沾黄绿色。虹膜暗褐色，喙褐色，下喙基部黄色，跗跖褐色。

生境与习性： 主要栖息于山地和平原地带的森林中，尤以针叶林和针阔混交林中较常见。繁殖期多单独或成对活动在树冠层。主要以昆虫为食。繁殖期 5~8 月。营巢于枝权间或地上。

保护区分布： 见于格西沟、相格宗、下渡沟和扎嘎寺，较常见。

何兴成 拍摄

李斌 拍摄

128. 暗绿柳莺

学名： *Phylloscopus trochiloides*　　　　**英文名：** Greenish Warbler

藏语音译： 吓日序贡郡、细特姆贡郡

识别特征： 体长 10~12 cm。雌雄相似。上体橄榄绿色，头顶较暗，无顶冠纹。眉纹黄白色，颊和耳覆羽杂有暗褐色，大覆羽先端淡黄色，形成一道明显的翼斑，有的中覆羽亦具窄的淡黄白色尖端，形成不甚明显的另一道翼斑。下体白色或灰白色并沾有黄色，尤以两胁和尾下覆羽的黄色较明显。虹膜褐色，上喙黑褐色，下喙淡黄色，跗跖褐色。

生境与习性： 主要栖息于针叶林、针阔混交林和阔叶林中。常单独或成对活动，非繁殖季节也成小群或混群活动和觅食。主要以昆虫为食。繁殖期 6~7 月。常营巢于地上或河岸与山边陡岩上，也营巢于灌木和小树上。

保护区分布： 见于格西沟、下渡沟和扎嘎寺，较常见。

张永 拍摄

129. 乌嘴柳莺

学名：*Phylloscopus magnirostris*　　　　　　**英文名**：Large-billed Leaf Warbler
藏语音译：吓日序切纳、细特姆切纳

识别特征：体长 11~12 cm。雌雄相似。上体暗橄榄绿色，头顶较暗，无顶冠纹，眉纹黄白色，贯眼纹暗褐色。两翅褐色。尾暗褐色，外侧 2 对尾羽内翈具非常窄的白色羽缘。下体淡黄色或黄白色，胸和两胁沾橄榄灰色。虹膜暗褐色或红褐色，喙暗褐色，下喙基部肉色，跗跖灰褐色或铅褐色。

生境与习性：主要栖息于海拔 2 000~3 500 m 的针叶林和针阔混交林中。常单独或成对活动。繁殖期领域性甚强。主要以昆虫为食。繁殖期 6~8 月。常营巢于地上或树根间洞穴中。

保护区分布：见于格西沟、下渡沟和扎嘎寺，较常见。

130. 西南冠纹柳莺

学名： *Phylloscopus reguloides*　　　　　　　　**英文名：** Blyth's Leaf Warbler
藏语音译： 吓日序甲郡、细特姆甲郡

识别特征： 体长 10~12 cm。雌雄相似。自额至后颈呈带绿的灰黑色，具明显的顶冠纹，眉纹淡黄色，贯眼纹暗褐色。背、腰、尾上覆羽橄榄绿色。飞羽和尾羽黑褐色，外缘橄榄绿色，最外侧两对尾羽的内翈具白色狭缘。大、中覆羽的末端淡黄绿色，形成两道翼斑。下体白色沾灰，尾下覆羽微沾黄色。虹膜褐色或暗褐色，上喙褐色，下喙黄色，跗跖淡黄褐色或褐色。

生境与习性： 主要栖息在山地常绿阔叶林、针阔混交林、针叶林和林缘灌丛地带。常单独或成对活动，冬季有时亦见 3~5 只成群觅食。多活动在树冠层，也在林下灌丛和草丛中活动。主要以昆虫为食。繁殖期 5~7 月。常营巢于林缘和林间空地等开阔地带的坡地凹坑或浅洞中。

保护区分布： 见于格西沟、下渡沟和扎嘎寺，较常见。

杨楠 拍摄

131. 棕脸鹟莺

学名：*Abroscopus albogularis*　　　**英文名**：Rufous-faced Warbler　　　**藏语音译**：纳衣卡德

识别特征：体长 9~10 cm。雌雄相似。前额、头侧、颈侧栗黄色，头顶和枕淡赭橄榄色，头顶两侧各有一长的黑色纵纹从前额向后一直延伸到枕部。背、肩橄榄绿色，腰淡黄色。飞羽褐色或黑褐色。尾淡褐色或淡棕褐色。喉白色密杂以黑色纵纹。上胸黄色，形成一条窄的黄色胸带。两胁和尾下覆羽淡黄色，其余下体白色。虹膜栗褐色，上喙褐色或淡褐色，下喙黄色，跗跖灰绿色。

生境与习性：主要栖息于海拔 2 500 m 以下的阔叶林和竹林中。繁殖期多单独或成对活动，其他季节成群，有时也与其他小鸟混群。主要以昆虫为食。繁殖期 4~6 月。主要营巢于竹林和稀疏的常绿阔叶林中。

保护区分布：见于下渡沟和县城附近，偶见。

132. 强脚树莺

学名：_Horornis fortipes_　　　**英文名：**Brownish-flanked Bush Warbler　　　**藏语音译：**吓日序

识别特征：体长 10~12 cm。雌雄相似。上体整体为橄榄褐色，至腰、尾上覆羽渐转为暗棕褐色。尾暗褐色，外翈羽缘色浅。翅暗褐色，羽缘较淡。眉纹淡黄白色，眼周淡黄色。颏、喉、胸、腹等近白色。胸侧浅灰褐色，胁、尾下覆羽黄褐色。虹膜褐色或淡褐色，喙褐色，上喙有时黑褐色，下喙基部黄色或暗肉色，跗跖肉色或淡棕色。

生境与习性：主要栖息于海拔 2 000 m 以下的常绿阔叶林和次生林以及林缘疏林灌丛、竹丛和高草丛中，一般难以见到。不善飞行，常敏捷地在灌木枝叶间跳跃穿梭或在地面奔跑。主要以昆虫为食，也取食少量植物果实和种子。繁殖期4~7月。常营巢于灌丛或茶树丛下部靠近地面的侧枝上，也营巢于草丛中。

保护区分布：见于县城附近，较常见。

张永 拍摄

133. 黄腹树莺

学名： *Horornis acanthizoides* **英文名：** Yellowish-bellied Bush Warbler
藏语音译： 吓日序破色、细特母破色

识别特征： 体长 10~12 cm。雌雄相似。上体橄榄褐色，腰和尾上覆羽稍淡。皮黄色眉纹从喙基部向后一直延伸到枕部，眼先和耳羽橄榄褐色。两翅和尾黑褐色，外翈羽缘橄榄褐色，仅外侧飞羽羽缘偏棕色。颏、喉灰棕色或皮黄色沾灰色，胸和腹皮黄色，尾下覆羽浅黄色。虹膜褐色，上喙褐色或棕褐色，下喙黄褐色或肉色，跗跖淡棕色或肉褐色。

生境与习性： 主要栖息于海拔 1 500~3 700 m 的森林和林缘灌丛与竹丛中。多成对或单独活动，有时也 3~5 只成群在灌丛或草丛间觅食。主要以昆虫为食。繁殖期4~7 月。多营巢于灌丛中。

保护区分布： 见于扎嘎寺附近，偶见。

周华明 拍摄

134. 异色树莺

学名： *Horornis flavolivaceus*　　　　　　　　**英文名：** Aberrant Bush Warbler
藏语音译： 吓日序里德、细特母里德

识别特征： 体长 10~12 cm。雌雄相似。上体橄榄褐色或棕褐色，眉纹淡黄色，贯眼纹黑褐色，颊和耳羽褐色，眼周淡黄色。腰和尾上覆羽暗棕褐色，尾暗褐色。颏、喉、胸、腹等下体白色，胸侧和两胁褐色或褐灰色。虹膜褐色或淡褐色，上喙黑褐色，下喙基部黄色或暗肉色，跗跖肉色或淡棕色。

生境与习性： 主要栖息于海拔 2 000~3 500 m 的常绿阔叶林和次生林以及林缘疏林灌丛、竹丛和高草丛中。常单独或成对活动。主要以昆虫为食。繁殖期 4~7 月。常营巢于灌丛或茶树丛下部靠近地面的侧枝上，也营巢于草丛中。

保护区分布： 见于扎嘎寺和相格宗附近，偶见。

杨楠 拍摄   张永 拍摄

135. 栗头树莺

学名: *Cettia castaneocoronata*   **英文名:** Chestnut-headed Tesia
藏语音译: 吓日序俄德、细特母俄德

识别特征: 体长 8~10 cm。雌雄相似。头部整体为亮栗色或栗棕色,眼后具一白色或黄白色小斑。后颈、背、肩、腰和尾上覆羽橄榄绿色。尾甚短,橄榄绿色。下体鲜黄色,两胁沾橄榄绿色。虹膜褐色或红色,上喙黑褐色或褐色,下喙蜡黄色或淡黄色,跗跖肉黄色或浅褐色。

生境与习性: 主要栖息于常绿阔叶林等山地森林下部灌丛与草丛中。常单独或成对活动,多在林下灌木低枝间跳跃、穿梭。主要以昆虫为食,也取食草籽和其他植物果实与种子。繁殖期 6~8 月。常营巢于林下灌木或树枝杈上。

保护区分布: 见于扎嘎寺附近,少见。

胡运彪 拍摄　　　　　　　　　　　　　杨楠 拍摄

136. 黑眉长尾山雀

学名： *Aegithalos bonvaloti*　　**英文名：** Black-browed Bushtit　　**藏语音译：** 纳衣米纳昂仁

识别特征： 体长 10~12 cm。雌雄相似。额白色，头顶具一条宽阔的白色顶冠纹，眼先和头顶两侧辉黑色。上体辉棕色，下背和腰较暗。尾上覆羽暗蓝灰色，尾羽黑褐色具蓝灰色羽缘。颏和喉灰黑色，上胸、颈侧和腹部白色，胸带、两胁和尾下覆羽栗色。虹膜淡黄色，喙黑色，跗跖浅棕色。

生境与习性： 主要栖息于华山松、云南松等针叶树和栎类植物混生的针阔混交林中。除繁殖期成对活动外，常呈 10 多只的松散小群活动。主要取食昆虫和草籽。繁殖期 4~6 月。营巢于灌木和乔木枝杈上。

保护区分布： 见于扎嘎寺和格西沟，常见。

雄鸟 李斌 拍摄

137. 花彩雀莺

学名: *Leptopoecile sophiae*　　**英文名:** White-browed Tit Warbler　　**藏语音译:** 贡衣仲马

识别特征: 体长 9~12 cm。雄鸟前额乳黄色,头顶至后颈紫蓝色,背较暗,为沙灰褐色,腰和尾上覆羽辉钴蓝色,头侧、颈侧、喉、上胸、两胁和尾下覆羽紫蓝色。雌鸟和雄鸟相似,但体色较淡,背较褐,全身很少紫色,只有两胁和尾下覆羽紫红色。虹膜玫红色或亮红色,喙黑色,跗跖黑褐色。

生境与习性: 主要栖息于海拔 2 500~5 000 m 以上的高山和亚高山矮曲林、高山杜鹃灌丛和草地。繁殖期间单独或成对活动,其他季节则多成群。主要以昆虫为食,冬季也取食少量植物果实和种子。繁殖期 4~7 月。常营巢于灌丛中或针叶树上。

保护区分布: 冬季见于扎嘎寺附近,较常见。

雌鸟　杨楠 拍摄

左雌右雄　李斌 拍摄

171

雄鸟　杨楠　拍摄

138. 凤头雀莺

中国特有种

学名： *Leptopoecile elegans*   **英文名：** Crested Tit Warbler   **藏语音译：** 贡衣祖呷

识别特征： 体长 9~10 cm。雄鸟头顶和枕灰色，有一紫灰色羽冠覆盖在头顶和后颈，头侧和后颈以及颈侧栗色，背、肩蓝灰色，腰天蓝色，两翅和尾暗褐色，外翈羽缘蓝绿色，颏、喉、胸淡栗色，腹沾紫蓝色。雌鸟头顶较暗，羽冠较短，上体整体羽色较淡，下体污白色，两胁和尾下覆羽淡紫色。虹膜红褐色或赭红色，喙黑色，跗跖黑褐色。

生境与习性： 主要栖息于海拔 3 000~4 000 m 的针叶林中，也栖息于林缘稀树草坡、矮曲林和灌丛。常单独或成对活动，偶尔亦见 3~5 只成群，尤其是冬季和春秋季。主要以昆虫为食。多营巢于针叶树上。

保护区分布： 夏季见于相格宗，少见。

172

李斌 拍摄

杨楠 拍摄

139. 金胸雀鹛

学名：*Lioparus chrysotis*　　**英文名**：Golden-breasted Fulvetta　　**藏语音译**：觉母仲色、卡拉仲色

识别特征：体长 10~11 cm。雌雄相似。前额、头顶至后颈黑色，颊后部和耳羽白色，眼先、颊前部、头侧黑色，白色顶冠纹自前额直达后颈。翅上中覆羽和小覆羽与背呈灰橄榄绿色。飞羽黑褐色，外侧飞羽有黄色外缘和白色端斑。尾黑色。颏、喉黑色，其余下体金黄色。虹膜褐色，喙灰蓝色或铅褐色，跗跖肉色。

生境与习性：主要栖息于海拔 1 200~2 900 m 的常绿和落叶阔叶林、针阔混交林和针叶林中。常单独或成对活动，也成 5~6 只的小群。主要以昆虫为食，也取食浆果等植物性食物。繁殖期 5~7 月。常营巢于林下竹丛和灌丛中。

保护区分布：见于扎嘎寺和下渡沟，少见。

陈雪 拍摄　　　　　　　　　　　　　　　　周华明 拍摄

140. 宝兴鹛雀　　　　　　　　中国特有种，国家二级重点保护野生动物

学名： *Moupinia poecilotis*　　　**英文名：** Rufous-tailed Babbler　　　**藏语音译：** 觉母破吓、卡拉破吓

识别特征： 体长 13~15 cm。雌雄相似。前额至头顶橄榄褐色，额基和眼先近白色。背、肩浅橄榄褐色，下背和腰褐色微沾棕色。尾上覆羽偏棕色，尾羽近棕色，飞羽暗褐色。颏、喉、胸和腹部为白色，两胁和尾下覆羽淡棕色。虹膜橙色，喙黑色或黑褐色，跗跖暗褐色。

生境与习性： 主要栖息于海拔 1 500~3 700 m 的常绿阔叶林、针阔混交林、针叶林和高山灌丛、草甸等生境中。成对或成小群活动。主要以昆虫为食，偶尔也取食蜘蛛等其他无脊椎动物和植物果实与种子。繁殖期 5~7 月。常营巢于灌丛中。

保护区分布： 见于下渡沟，少见。

杨楠 拍摄　　　　　　　　张永 拍摄

141. 白眉雀鹛

学名： *Fulvetta vinipectus* **英文名：** White-browed Fulvetta **藏语音译：** 觉母米呷、细劣米呷

识别特征： 体长 11~14 cm。雌雄相似。头顶暗灰褐色具显著的白色眉纹，眉纹上有一道宽阔的黑色纵纹。上背灰褐色，下背、腰和尾上覆羽茶黄色或锈褐色，两翅暗褐色。尾褐色或暗褐色。颏、喉至上胸白色或近白色，具不明显的暗色纵纹，下胸、腹和尾下覆羽茶黄色。虹膜浅黄色或黑褐色，喙黑褐色或褐色，跗跖灰褐色。

生境与习性： 主要栖息于海拔 1 400~3 800 m 的常绿阔叶林、针阔混交林和针叶林及林缘灌丛中。除繁殖期成对活动外，其他季节多成小群。性活泼。主要以昆虫为食，也取食多足纲动物等其他无脊椎动物和植物果实与种子等。繁殖期 5~7 月。常营巢于灌丛中。

保护区分布： 冬季在扎嘎寺较为常见。

李斌 拍摄　　　　　　　杨楠 拍摄

142. 棕头雀鹛

学名： *Fulvetta ruficapilla*　　　**英文名：** Spectacled Fulvetta　　　**藏语音译：** 序劣俄德

识别特征： 体长 10~13 cm。雌雄相似。头顶至后颈红褐色，头顶两侧具黑色侧冠纹。额、眼先和颊灰色，眼周具一白色眼圈，耳羽葡萄灰色，杂有褐色纵纹。上背灰橄榄色，腰至尾上覆羽棕黄色，尾暗褐色。翅上覆羽红棕色。颏、喉白色具不明显的褐色纵纹，颈侧和上胸沾葡萄褐色，下胸和尾下覆羽棕黄色，腹白色或棕白色。虹膜暗褐色，喙黑褐色，下喙基部黄色，先端褐色，跗跖橄榄褐色。

生境与习性： 主要栖息于海拔 1 800~2 500 m 的常绿阔叶林、针阔混交林、针叶林和林缘灌丛中。常单独或成对活动，有时亦成 3~5 只的小群。主要以昆虫、植物果实和种子为食。常营巢于灌丛中。

保护区分布： 见于相格宗附近，少见。

杨楠 拍摄　　　　　　　　　　　　杨楠 拍摄

143. 褐头雀鹛

学名： *Fulvetta cinereiceps*　　　　　　**英文名：** Streak-throated Fulvetta
藏语音译： 觉母贡序俄纳、细劣俄纳

识别特征： 体长 12~14 cm。雌雄相似。前额、头顶、枕和后颈灰褐色，眼先暗褐色，头侧和颈侧灰白色。背、肩和两翅覆羽栗褐色，腰和尾上覆羽棕黄色。两翅褐色，外侧一至五枚初级飞羽外翈灰白色，六至七枚飞羽外翈黑色，八枚及其他飞羽外翈棕褐色。额至腹为污灰色，胁和尾下覆羽淡棕褐色。虹膜暗褐色，喙黑褐色，跗跖淡褐色。

生境与习性： 主要栖息于山地阔叶林、针阔混交林、针叶林、竹林和林缘山坡灌丛与沟谷灌丛等各种生境中。常成 3~5 只的小群。主要以昆虫为食，也取食植物嫩芽、果实与种子等植物性食物。繁殖期 5~7 月。营巢于林下竹丛和灌木枝杈上。

保护区分布： 见于扎嘎寺附近林区，较常见。

周华明 拍摄

144. 中华雀鹛

中国特有种，国家二级重点保护野生动物

学名：*Fulvetta striaticollis*　　**英文名**：Chinese Fulvetta　　**藏语音译**：觉母贡序、贡细米色

识别特征：体长 12~14 cm。雌雄相似。额、头顶一直到尾上覆羽等均为褐色。背、腰和尾上覆羽缀茶黄色。头顶和上背有暗褐色纵纹，耳羽和颈侧浅茶黄色具暗褐色纵纹。两翅褐色，尾褐色，眼先黑色。颏、喉和上胸白色具近黑色纵纹。下胸浅烟褐色，两胁和尾下覆羽浅灰褐色。虹膜淡黄色，上喙暗褐色，下喙肉色，跗跖浅褐色或褐色。

生境与习性：主要栖息于海拔 2 800~4 300 m 的冷杉林和矮树灌丛生境。常单独或成对活动，偶尔也成小群，多在林下或沟谷灌丛间活动和觅食。取食植物性食物和昆虫。通常营巢于灌丛中。

保护区分布：见于扎嘎寺、相格宗和剪子弯山，较常见。

杨楠 拍摄

145. 红嘴鸦雀

学名：*Conostoma aemodium*　　　　**英文名**：Great Parrotbill　　　　**藏语音译**：觉莫曲麦

识别特征：体长 27~29 cm。雌雄相似。前额灰白色，眼先黑褐色，头侧和耳羽褐色或灰褐色，头顶、后颈、背等其余上体褐色。尾棕褐色，具宽的灰色羽缘和羽端。飞羽暗褐色，初级飞羽外翈沾灰色。下体自颏至尾下覆羽灰褐色。虹膜橙黄色或褐色，喙橙黄色，跗跖黑褐色或铅绿灰色。

生境与习性：主要栖息于海拔 2 000~3 800 m 的针阔混交林和针叶林中。繁殖期多成对活动，非繁殖期则多成小群。主要以植物果实和种子为食，也取食昆虫和其他小型无脊椎动物。繁殖期 5~7 月。常营巢于林下竹丛或灌丛中。

保护区分布：见于下渡沟，偶见。

李斌 拍摄

杨楠 拍摄

146. 棕头鸦雀

学名：*Sinosuthora webbiana*　　**英文名**：Vinous-throated Parrotbill　　**藏语音译**：细勒俄马

识别特征：体长 11~13 cm。雌雄相似。额、头顶至后颈有时直到上背均为红棕色或棕色，眼先、颊、耳羽和颈侧棕栗色。背、肩、腰和尾上覆羽棕褐色或橄榄褐色。尾羽暗褐色。两翅覆羽棕红色，飞羽多为褐色或暗褐色。额、喉、胸粉红棕色或淡棕色，腹中部淡棕色或棕白色。虹膜暗褐色，喙黑褐色或黄绿色，跗跖铅褐色。

生境与习性：主要栖息于中低海拔的次生林、灌丛、芦苇丛等生境中。常成小群活动。性活泼而大胆，不甚怕人。主要以昆虫为食，也取食蜘蛛等其他小型无脊椎动物和植物果实与种子等。繁殖期 4~8 月。常营巢于灌木或竹丛上。

保护区分布：见于下渡村，偶见。

杨楠 拍摄　　　　　　　　杨楠 拍摄

147. 纹喉凤鹛

学名：*Yuhina gularis*　　**英文名**：Stripe-throated Yuhina　　**藏语音译**：祖钦觉母纳衣、细勒祖德

识别特征：体长 14~15 cm。雌雄相似。额、头顶、羽冠和后颈灰褐色。背至尾上覆羽橄榄褐色，腰和尾上覆羽略沾黄色，尾暗褐色。飞羽黑褐色，最内侧次级飞羽和翼上覆羽橄榄褐色，初级覆羽黑褐色。颊和耳羽灰褐色。颏和喉青灰色，具稀疏的黑色纵纹，胸淡灰色，腹和尾下覆羽淡黄色。虹膜暗褐色或褐色，喙黑色，下喙稍淡，跗跖黄褐色。

生境与习性：主要栖息于海拔 2 000~4 000 m 的常绿阔叶林、针阔混交林及其林缘灌丛中。繁殖期成对或单独活动，非繁殖期多成小群或与其他小鸟混群。主要以花、花蜜、果实、种子等植物性食物为食，也取食昆虫。

保护区分布：见于下渡沟和格西沟，偶见。

李斌 拍摄　　　　　　　　杨楠 拍摄

148. 白领凤鹛

学名：*Yuhina diademata*　　　　　　　　　**英文名**：White-collared Yuhina
藏语音译：祖钦呷觉母纳衣、细勒祖呷

识别特征：体长 15~18 cm。雌雄相似。头顶和羽冠土褐色，具白色眼圈，眼先黑色，枕白色，延伸至眼后和颈侧。背至尾上覆羽土褐色，尾黑褐色，飞羽黑褐色。颊和耳羽淡褐色具茶褐色轴纹。颏和上喉暗褐色，下喉、胸和胁土褐色，腹和尾下覆羽白色。虹膜栗褐色，喙淡黄褐色，跗跖黄色。

生境与习性：主要栖息于海拔 1 500~3 800 m 的阔叶林、针阔混交林、针叶林中。除繁殖期成对或单独活动外，其他时候多成 3~5 只至 10 余只的小群。常在树冠层枝叶间活动和觅食。主要以昆虫和植物的果实、种子为食。繁殖期为 5~8 月。常营巢于灌丛中。

保护区分布：见于相格宗、下渡沟、格西沟和扎嘎寺，极为常见。

李斌 拍摄　　　　　　　　　　　周华明 拍摄

149. 斑胸钩嘴鹛

学名： *Erythrogenys gravivox*　　　　**英文名：** Black-streaked Scimitar Babbler
藏语音译： 觉母曲左仁、卡拉切仁

识别特征： 体长 22~26 cm。雌雄相似。喙长且向下弯曲，上体呈橄榄灰褐色。耳羽棕色。下体白色，颏、喉微具黑色细纹，胸具较粗的黑色纵纹。胸侧、两胁和尾下覆羽棕色微沾橄榄褐色。虹膜淡黄色，喙灰褐色，跗跖和趾暗黄褐色或肉褐色。

生境与习性： 主要栖息于灌木丛、矮树林和竹丛中。多单独、成对或成小群活动。活动时常发出响亮的叫声，个体间彼此呼应。主要以昆虫为食，偶尔也取食植物果实、种子等植物性食物。繁殖期 5~7 月。

保护区分布： 见于格西沟和扎嘎寺，偶见。

杨楠 拍摄

杨楠 拍摄

150. 棕颈钩嘴鹛

学名： *Pomatorhinus ruficollis*　　**英文名：** Streak-breasted Scimitar Babbler　　**藏语音译：** 觉母格康

识别特征： 体长 15~19 cm。雌雄相似。额、颈侧栗棕色。尾暗褐色，外缘栗棕色。外侧飞羽和覆羽暗褐色。白色眉纹延伸至颈后。眼先、颊和耳羽褐色。颏、喉和胸白色。胸具橄榄褐色纵纹。腹部、胁和尾下覆羽橄榄褐色。虹膜茶褐色或深棕色，上喙黑褐色，下喙黄色，跗跖暗褐色。

生境与习性： 主要栖息于阔叶林、竹林和林缘灌丛中。常单独、成对或成小群活动。性活泼。主要以昆虫为食，也取食蜘蛛等其他无脊椎动物和植物果实与种子。繁殖期 4~7 月。常营巢于地面上。

保护区分布： 见于格西沟，偶见。

张永 拍摄

杨楠 拍摄

151. 红头穗鹛

学名： *Cyanoderma ruficeps*   **英文名：** Rufous-capped Babbler   **藏语音译：** 觉母俄马

识别特征： 体长 10~12 cm。雌雄相似。额基部棕黄色，额和头顶棕红色。枕至尾上覆羽橄榄褐色沾绿色，尾上覆羽颜色稍浅，尾和飞羽褐色。眼先淡黄色，眼周具黄白色圈，颊和耳羽淡黄色。颏、喉、胸和腹淡黄色并沾绿色，胁和尾下覆羽灰褐色并沾绿色。虹膜棕红色或栗红色，喙褐色，跗跖黄褐色。

生境与习性： 栖息于常绿阔叶林、针阔混交林，以及灌丛中。常单独或成对活动，有时也见成小群或与其他鸟类混群活动。主要以昆虫为食，偶尔取食少量植物果实与种子。繁殖期 4~7 月。常营巢于茂密的灌丛、竹丛、草丛中。

保护区分布： 见于扎嘎寺和剪子弯山，偶见。

杨楠 拍摄　　　　　　　　　　　　　　杨楠 拍摄

152. 灰眶雀鹛

学名： *Alcippe morrisonia*　　　　**英文名：** Grey-cheeked Fulvetta　　　　**藏语音译：** 觉贾

识别特征： 体长 13~15 cm。雌雄相似。额、头顶、枕、后颈暗灰色或褐灰色，头顶两侧具不明显黑色侧冠纹，眼周有一灰白色或近白色眼圈。腰和尾上覆羽橄榄褐色沾棕色。翼覆羽和飞羽橄榄褐色。颏、喉浅灰色，胸淡棕色，其余下体偏灰棕色。虹膜红棕色或栗色，喙黑褐色，跗跖淡褐色或暗黄褐色。

生境与习性： 主要栖息于海拔 2 500 m 以下的森林和灌丛中。除繁殖期成对活动外，常成 5~7 只至 10 余只的小群，有时亦见与其他鸟类混群。主要以昆虫为食，也取食植物果实、种子、嫩叶、芽等植物性食物。繁殖期 5~7 月。常营巢于林下灌丛近地面的枝杈上。

保护区分布： 见于扎嘎寺、下渡沟和格西沟，较常见。

李斌 拍摄　　　　　　　　　　　　　　　杨楠 拍摄

153. 矛纹草鹛

学名：*Babax lanceolatus*　　　**英文名**：Chinese Babax　　　**藏语音译**：觉母仲康、卡拉仲德

识别特征：体长 25~29 cm。雌雄相似。额至枕部暗栗褐色，后颈和上背及翼上覆羽栗褐色。尾和飞羽褐色。颊和耳羽白色，具栗褐色纵纹，下颊纹暗栗褐色。下体白色，杂以淡茶黄色，胸和腹两侧满布栗褐色纵纹。虹膜白色或黄白色或黄色至橙黄色，喙黑褐色或褐色，跗跖褐色。

生境与习性：主要栖息于竹林、常绿阔叶林、针阔混交林、针叶林和林缘灌丛中。喜结群，除繁殖期外常成小群活动。主要以昆虫、植物叶、芽、果实和种子为食。繁殖期 4~6 月。营巢于灌丛中。

保护区分布：见于格西沟，常见。

周华明 拍摄

154. 斑背噪鹛 中国特有种，国家二级重点保护野生动物

学名： *Garrulax lunulatus*   **英文名：** Barred Laughingthrush   **藏语音译：** 觉母甲体

识别特征： 体长 24~29 cm。雌雄相似。额至后颈栗褐色，上体余部包括内侧覆羽浅褐色，具黑色次端斑和棕色端斑。小翼羽蓝灰色，初级覆羽黑色，均具白端。飞羽黑褐色具白端。中央尾羽橄榄褐色，外侧尾羽基部蓝灰色，均具白端和黑色次端斑。眼先、眼周及眼后眉纹白色，头侧及颏、喉淡栗色，胸和颈侧淡褐色，腹、胁和尾下覆羽淡棕色具黑斑。虹膜黄色或褐色，喙褐色，跗跖和趾肉褐色。

生境与习性： 主要栖息于海拔 1 400~2 600 m 的高山针叶林、针阔混交林、常绿阔叶林和竹林中，也见于林缘灌丛和次生林中。常成对或单独活动，较少成群，多在林下灌丛和地上活动。主要以昆虫和植物果实与种子为食。

保护区分布： 见于格西沟，少见。

杨楠 拍摄

杨楠 拍摄

155. 大噪鹛 中国特有种，国家二级重点保护野生动物

学名：*Garrulax maximus* 英文名：Giant Laughingthrush 藏语音译：觉母甲察、卡拉甲察

识别特征：体长 32~36 cm。雌雄相似。额至头顶暗褐色或黑褐色。上体包括翼上次级覆羽栗褐色，各羽均具黑端和圆形白色点斑。初级飞羽黑褐色具白端，中央尾羽棕褐色沾灰色，外侧尾羽黑褐色具白端。眼先淡黄色，眉纹、耳羽及颏、喉和上胸栗褐色，其余下体纯棕褐色或皮黄色，具细的白色和黑色横斑。虹膜黄色，喙黑褐色，下喙黄色，跗跖黄色。

生境与习性：主要栖息于海拔 2 700~4 200 m 的针叶林、针阔混交林及其林缘地带。常成群活动，也常与其他噪鹛混群。主要以昆虫为食，也常取食蜗牛等其他无脊椎动物和植物果实与种子。多营巢于针叶树侧枝上。

保护区分布：保护区全域可见，极为常见。

李斌 拍摄

156. 眼纹噪鹛

国家二级重点保护野生动物

学名： *Garrulax ocellatus*　　　　　　　　　　　　**英文名：** Spotted Laughingthrush
藏语音译： 觉母俄纳米康、卡拉俄纳米德

识别特征： 体长 30~34 cm。雌雄相似。额至后颈黑色，上背棕黄色具黑色次端斑。上体余部栗褐色，具黑色和黄白色点斑。中央尾羽栗色，具黑色次端斑和白色端斑，其余尾羽棕褐色沾灰色。飞羽黑褐色具白端，除外侧二枚外，其余外翈基部暗灰色。初级覆羽栗色，具白端和黑色次端斑。眼先、眼下棕黄，耳羽黑色。颏棕黄色，喉黑色，下体余部灰棕色，胸具黑色点斑。虹膜黄色或黄褐色，喙黑褐色，下喙基部黄色，跗跖黄色。

生境与习性： 主要栖息于常绿阔叶林和针阔混交林等茂密的山地森林中，也栖息于林缘和耕地旁边的灌丛与竹丛内。常成对或成小群活动，多在林下灌木间或地上活动和觅食。主要以昆虫为食，也取食植物果实和种子，非繁殖期主要以植物性食物为食。

保护区分布： 见于扎嘎寺，偶见。

157. 白喉噪鹛

学名： *Garrulax albogularis*　　　　**英文名：** White-throated Laughingthrush
藏语音译： 觉母各呷、卡拉各呷

识别特征： 体长 26~30 cm。雌雄相似。额棕栗色，背、翅和尾上覆羽表面橄榄褐色，腰和尾上覆羽缀有棕色。尾羽橄榄褐色。翅上覆羽与背同色，飞羽褐色。颏、喉、上胸白色，两胁和尾下覆羽皮黄色。虹膜灰蓝色，喙黑褐色，跗跖灰褐色或铅灰色。

生境与习性： 主要栖息于海拔 800~3 000 m 的各种森林和灌丛中。常呈 5~6 只至10 余只的小群活动，主要为地栖性，多在林下或灌丛中活动和觅食。鸣叫响亮，甚为嘈杂，在四川有"闹山王"之称。主要以昆虫为食。繁殖期 5~7 月。营巢于林下灌木或距地不高的小乔木枝杈上。

保护区分布： 见于格西沟，偶见。

李斌 拍摄

158. 橙翅噪鹛

中国特有种，国家二级重点保护野生动物

学名： *Trochalopteron elliotii*　　　　　**英文名：** Elliot's Laughingthrush
藏语音译： 觉母妞马、卡拉穷马

识别特征： 体长 22~25 cm。雌雄相似。额和头顶灰色，上背砖灰色，上体余部橄榄褐色。中央尾羽乌灰色，略带光泽。次级覆羽橄榄褐色，初级覆羽黑褐色，飞羽黑褐色。眼先、颊和耳羽暗褐色。喉、胸、上腹和胁橄榄褐色，下腹和尾下覆羽砖红色。虹膜黄色，喙黑色，跗跖棕褐色。

生境与习性： 主要栖息于海拔 1 500~4 000 m 的山地和高原森林与灌丛中。除繁殖期间成对活动外，其他季节多成群。主要以昆虫和植物果实与种子为食。繁殖期4~7 月。常营巢于灌木或幼树低枝上。

保护区分布： 保护区全域可见，极为常见。

杨楠 拍摄

159. 黑头奇鹛

学名：*Heterophasia desgodinsi*　　　**英文名**：Black-headed Sibia　　　**藏语音译**：觉母切巴俄纳

识别特征：体长 20~24 cm。雌雄相似。前额、头顶、枕一直到后颈黑色具蓝色金属光泽，颊、眼先、头侧和耳羽黑褐色。背、肩、腰和尾上覆羽深灰色。尾黑色具灰白色端斑，中央尾羽端斑深灰色。飞羽黑褐色。下体颏、喉、腹和尾下覆羽白色，胸和两肋浅灰色。虹膜褐色或淡蓝色，喙黑色，跗跖暗褐色或黑褐色。

生境与习性：主要栖息于海拔 1 200~2 500 m 的山地阔叶林和针阔混交林中。常单独、成对或成几只的小群活动和觅食。主要以昆虫为食，也取食植物果实和种子。繁殖期 5~7 月。常营巢于乔木的侧枝杈叶间。

保护区分布：冬季见于格西沟和下渡沟，偶见。

杨楠 拍摄　　　　　　　杨楠 拍摄

160. 霍氏旋木雀

学名： *Certhia hodgsoni*　　　　**英文名：** Hodgson's Treecreeper　　　　**藏语音译：** 吐打马穷穷

识别特征： 体长 12~15 cm。雌雄相似。喙长且向下弯曲。上体褐色具不明显纵纹，腰和尾上覆羽浅棕色，尾黑褐色。翅黑褐色，飞羽中部具两道淡棕色带斑。眉纹灰白色，两颊棕白色并杂有褐色细纹。颏、喉、胸、腹乳白色，下腹、两胁和尾下覆羽沾灰色。虹膜暗褐色或茶褐色，喙黑色，下喙乳白色，跗跖淡褐色。

生境与习性： 主要栖息于山地针叶林、针阔混交林、阔叶林和次生林中。常单独或成对活动，繁殖期后亦常见 3~5 只的家族群。主要以昆虫为食。取食方式常从树干中下部盘旋向上，啄食树皮表面和缝隙中的昆虫。繁殖期 4~6 月。多营巢于大的树皮缝隙和树洞中。

保护区分布： 见于麻格宗、下渡沟和格西沟，偶见。

李斌 拍摄　　　　　　　　　　　　　杨楠 拍摄

161. 高山旋木雀

学名： *Certhia himalayana*　　**英文名：** Bar-tailed Treecreeper　　**藏语音译：** 吐打马共察

识别特征： 体长 13~15 cm。雌雄相似。额至背灰褐色，具灰白色羽干斑。腰锈褐色，尾上覆羽淡棕褐色。尾棕褐色，具黑褐色横斑。眼先黑色，眉纹棕白色，颊和耳羽灰褐色杂棕白色。颏和喉乳白色，下体余部灰棕色。虹膜褐色，喙褐色，下喙基部乳白色，跗跖褐色。

生境与习性： 主要栖息于海拔 1 100~3 600 m 的山地针叶林和针阔混交林中。多单独或成对活动，非繁殖期有时也成 2~3 只的小群。常沿树干下部呈螺旋形向上攀缘，啄食树木表面或树皮缝隙中的昆虫。主要以昆虫为食。繁殖期 4~7 月。常营巢于较大的树皮裂隙和树洞中。

保护区分布： 见于扎嘎寺、格西沟和相格宗，偶见。

李斌 拍摄

162. 普通䴓

学名：*Sitta europaea*	英文名：Eurasian Nuthatch	藏语音译：纳衣共吓破马

识别特征： 体长 11~15 cm。雌雄相似。上体灰蓝色，黑色贯眼纹从喙基部经眼一直延伸到肩部。颏、上喉和尾下覆羽白色，尾下覆羽具栗色羽缘，其余下体淡棕色至深棕色。虹膜暗褐色或褐色，喙灰蓝色，先端黑色，跗跖肉褐色。

生境与习性： 主要栖息于针阔混交林、针叶林和阔叶林中。除繁殖期单独或成对活动以及繁殖后期成家族群外，其他季节多单独或与其他小鸟混群活动。善于沿树干向上或呈螺旋形绕树干向上攀缘，也能头朝下向下攀爬。主要以昆虫为食，也取食少量蜗牛、蜘蛛等其他无脊椎动物和植物性食物。繁殖期 4~6 月。多营巢于啄木鸟的废弃洞巢或天然树洞。

保护区分布： 见于下渡沟、扎嘎寺、相格宗和格西沟，常见。

杨楠 拍摄

杨楠 拍摄

163. 栗臀䴓

学名： *Sitta nagaensis*   **英文名：** Chestnut-vented Nuthatch   **藏语音译：** 念杰觉莫曲让金

识别特征： 体长 12~13 cm。雄鸟整个上体，包括翼上覆羽和内侧飞羽均为石板蓝灰色，中央尾羽亦为石板蓝灰色，外侧尾羽黑色。头侧、颈侧和下体灰色，两胁栗色，尾下覆羽尖端白色，羽缘栗色。雌鸟和雄鸟相似，但羽色稍暗。虹膜暗褐色，喙石板灰色，先端黑色，跗跖淡绿褐色。

生境与习性： 主要分布在海拔 1 500~3 000 m 的针叶林和针阔混交林中。常单独或成对活动，繁殖期后亦成家族群或与其他小鸟混群。能沿树干垂直上下攀缘，也能呈螺旋形围绕树干攀缘。主要以昆虫为食，也取食少量植物种子等植物性食物。繁殖期 4~6 月。营巢于各类树洞中。

保护区分布： 见于扎嘎寺、相格宗和格西沟，偶见。

周华明 拍摄

164. 白脸䴓

学名：*Sitta leucopsis*　　　　英文名：White-cheeked Nuthatch　　　　藏语音译：纳衣卡呷

识别特征：体长 11~12 cm。雌雄相似。前额、头顶、枕，一直到后颈两侧黑色，背部石板蓝色。尾黑色。翅暗褐色，内侧飞羽外翈羽缘石板蓝色。眼先、眼上、眼下以及整个头侧、颏和喉均为白色或棕白色。胸、腹浅棕色至棕黄色。虹膜赭褐色或暗褐色，喙黑褐色，下喙略浅，跗跖褐色。

生境与习性：栖息在海拔 2 000~3 500 m 的高山针叶林和针阔混交林中。除繁殖期间成对活动外，其他季节多呈家族群或小群。行动敏捷，能围绕树干灵巧地上下左右做螺旋形攀爬。主要以昆虫为食，也取食植物果实与种子。繁殖期 6~7 月。巢多筑于天然树洞、树干缝隙和啄木鸟废弃的树洞中。

保护区分布：见于扎嘎寺和相格宗，偶见。

杨楠 拍摄

张永 拍摄

165. 红翅旋壁雀

学名：*Tichodroma muraria*　　　　**英文名**：Wallcreeper　　　　**藏语音译**：穷纳马

识别特征：体长 12~17 cm。雌雄相似。喙细长而微向下弯。非繁殖羽额、头顶至后枕灰色沾棕色，背、肩灰色，腰和尾上覆羽深灰色。小覆羽、中覆羽、初级覆羽和外侧大覆羽外翈胭红色，颏、喉白色。繁殖羽额、头顶和后颈深灰色，颏、颊、喉黑色，其余与非繁殖羽相似。虹膜褐色或暗褐色，喙和跗跖黑色。

生境与习性：主要栖息于悬崖峭壁和陡坡上。除繁殖期成对活动外，多单独活动。常沿岩壁做短距离飞行。主要以昆虫为食，也取食少量蜘蛛等无脊椎动物。繁殖期 4~7 月。营巢于人类难以到达的悬崖岩石缝隙中。

保护区分布：见于下渡沟，偶见。

杨楠 拍摄　　　　　　　　　　　　　张永 拍摄

166. 鹪鹩

学名：*Troglodytes troglodytes*	英文名：Eurasian Wren	藏语音译：序勒

识别特征： 体长 9~11 cm。雌雄相似。额、头顶至后颈暗棕褐色。背和两翅表面棕色杂以黑色横纹，肩具零星白色斑点，腰、尾上覆羽和尾羽棕红色。飞羽黑褐色。两颊棕白色，耳羽灰黑色，眉纹灰白色。颏、喉、颈侧和胸烟棕褐色并杂以黑色斑点。腹棕白色杂以较粗的黑色横斑。虹膜暗褐色，上喙暗褐色，下喙黄色，跗跖暗褐色。

生境与习性： 主要栖息于阔叶林、针阔混交林、针叶林、次生林等各种类型的森林中。除繁殖期成对和成家族群外，其他大部分时间都单独活动。主要以昆虫为食，也取食蜘蛛等其他无脊椎动物和少量浆果等植物性食物。繁殖期 5~7 月。多营巢于裸露的树根、倒木下、岩石缝隙和树洞中。

保护区分布： 主要分布于保护区高山峡谷区溪流河谷，较常见。

何兴成 拍摄　　张永 拍摄

167. 河乌

学名：*Cinclus cinclus*　　　**英文名**：White-throated Dipper　　　**藏语音译**：曲序里纳仲呷

识别特征：体长 17~20 cm。雌雄相似。前额、眼先、头顶、头侧、后颈、颈侧和上背栗褐色或淡棕褐色。背、肩、腰、尾等其余上体灰褐色或暗灰色，羽缘和羽中央黑色。翅褐色，尾灰褐色。颏、喉、胸白色，其余下体栗褐色或黑褐色，有的颏、喉、胸和腹均为白色。虹膜淡褐色，喙黑色或黑褐色，跗跖暗褐色或黑色。

生境与习性：栖息于海拔 800~4 500 m 的山区溪流与河谷中，尤以流速较快、水清澈的沙石河谷地带较常见。常单独或成对活动。在水中觅食，主要以蚊、蚋等昆虫的幼虫、小型甲壳类、软体动物和小鱼等为食，偶尔也取食水藻等水生植物。繁殖期 5~7 月。多营巢于溪流边的石隙、洞穴和树根下。

保护区分布：见于格西沟和下渡沟，常见。

惠营 拍摄

李斌 拍摄

168. 褐河乌

学名： *Cinclus pallasii*　　　　**英文名：** Brown Dipper　　　　**藏语音译：** 曲序里纳

识别特征： 体长 19~24 cm。雌雄相似。全身羽毛黑褐色，背和尾上覆羽具棕色羽缘，尾较短。眼圈白色。幼鸟上体黑褐色具棕黄色鳞状斑，下体具棕褐色弧形斑，次级飞羽具狭窄的白色边缘。虹膜褐色，喙、跗跖黑褐色。

生境与习性： 栖息于山区溪流与河谷沿岸，尤以水流清澈的林区河谷地带较常见。单独或成对活动。善于潜水，觅食时多潜入水中。主要以多种昆虫为食，也取食虾、小型软体动物和小鱼等。繁殖期 4~6 月。营巢于河边石头缝或树根下。

保护区分布： 见于雅砻江、格西沟和下渡沟，偶见。

周华明 拍摄

169. 八哥

学名：*Acridotheres cristatellus*　　英文名：Crested Myna　　藏语音译：卡拉查查

识别特征： 体长 23~28 cm。雌雄相似。通体乌黑色。额部簇羽形如冠状。初级覆羽先端和次级飞羽基部白色，形成宽阔的白色翼斑，飞行时尤为明显。下体暗灰黑色，肛周和尾下覆羽具白色横斑。虹膜橙黄色，喙乳黄色，跗跖黄色。

生境与习性： 主要栖息于海拔 2 000 m 以下的低山丘陵和山脚平原地带的次生阔叶林、竹林和林缘疏林中，也栖息于农田中。常在翻耕过的农地觅食，或站在牛、猪等家畜背上啄食寄生虫。主要以昆虫为食，也取食植物果实和种子等植物性食物。繁殖期 4~8 月，营巢于树洞、建筑物洞穴中。

保护区分布： 见于县城附近，偶见。

杨楠 拍摄

170. 灰椋鸟

学名： *Spodiopsar cineraceus*　　　**英文名：** White-cheeked Starling　　　**藏语音译：** 卡拉俄纳

识别特征： 体长 20~24 cm。雌雄相似。额、头顶、头侧、后颈和颈侧黑色，微具光泽。背、肩和翅上覆羽灰褐色，腰灰白色。颏、喉、前颈和上胸灰黑色，具不明显的灰白色矛状条纹。下胸、两胁和腹淡灰褐色，腹和尾下覆羽白色。虹膜褐色，喙橙红色，尖端黑色，跗跖和趾橙黄色。

生境与习性： 主要栖息于低山丘陵和开阔平原地带的阔叶林和林缘灌丛中。性喜成群，除繁殖期成对活动外，其他时候多成群活动。主要以昆虫为食，也取食少量植物果实和种子。繁殖期 5~7 月。常营巢于天然树洞或啄木鸟废弃的树洞中。

保护区分布： 迁徙季节见于县城，少见。

李斌 拍摄

171. 灰头鸫

学名： *Turdus rubrocanus*　　　　**英文名：** Chestnut Thrush　　　　**藏语音译：** 东夏

识别特征： 体长 23~27 cm。雄鸟前额、头顶、眼先、头侧、枕、后颈、颈侧、上背烟灰色或褐灰色，背、肩、腰和尾上覆羽暗栗棕色，两翅和尾黑色，颏、喉和上胸烟灰色或暗褐色，下胸、腹和两胁栗棕色，尾下覆羽黑褐色杂有灰白色羽干纹和端斑。雌鸟和雄鸟相似，但羽色较淡，颏、喉白色具暗色纵纹。虹膜褐色，喙和跗跖黄色。

生境与习性： 繁殖期主要栖息于海拔 2 000~3 500 m 的阔叶林、针阔混交林和针叶林中。常单独或成对活动，冬季也成群。性胆怯而机警。主要以昆虫为食，也取食蚯蚓等无脊椎动物和植物果实及种子。繁殖期 4~7 月。常营巢于乔木枝杈上，有时也在土坡凹坑中营巢。

保护区分布： 见于扎嘎寺和下渡沟，偶见。

雄鸟　张永 拍摄

172. 棕背黑头鸫

学名：*Turdus kessleri*　　　**英文名：**Kessler's Thrush　　　**藏语音译：**贡序俄纳甲康

识别特征：体长 24~29 cm。雄鸟前额、头顶、头侧、后颈黑色，上背棕白色，下背、腰和尾上覆羽深栗色，两翅和尾黑色，下体颏、喉黑色，胸棕白色，腹栗棕色。雌鸟前额、头顶、头侧、后颈、颈侧橄榄褐色，耳覆羽亦为橄榄褐色并具细的棕白色羽干纹，两翅和尾暗褐色，下体颏、喉棕黄色，胸橄榄褐色，腹棕黄色，尾下覆羽暗褐色具棕黄色端斑。虹膜褐色，喙黄色，跗跖褐色。

生境与习性：栖息于海拔 3 000~4 500 m 的高山针叶林和林线以上的高山灌丛地带。常单独或成对活动，有时也成群。主要以昆虫为食。繁殖期 5~7 月，常营巢于乔木枝杈和岩隙中。

保护区分布：见于扎嘎寺和剪子弯山，较常见。

雌鸟　杨楠 拍摄

雌鸟和巢　杨楠 拍摄

207

周华明 拍摄

173. 赤颈鸫

学名： *Turdus ruficollis*　　　　**英文名：** Red-throated Thrush　　　　**藏语音译：** 纳衣革色

识别特征： 体长 22~25 cm。雄鸟上体自头顶至尾上覆羽灰褐色，眉纹、颊栗红色，眼先黑色，耳覆羽、颈侧灰色，翅上大覆羽和飞羽暗褐色，颏、喉、胸栗红色或栗色，腹至尾下覆羽白色。雌鸟和雄鸟相似，但眉纹较淡，多呈皮黄色，颏、喉白色具栗褐色斑点，胸灰褐色并具栗色横斑，腹和尾下覆羽灰色，两胁具细的暗褐色纵纹。虹膜暗褐色，喙黑褐色，下喙基部黄色，跗跖黄褐色或暗褐色。

生境与习性： 繁殖期主要栖息于各种类型的森林中，尤以针叶林中较常见。除繁殖期成对或单独活动外，其他季节多成群活动。主要以昆虫为食，也取食蚯蚓等无脊椎动物和植物果实。繁殖期 5~7 月。常营巢于小树枝杈上。

保护区分布： 见于扎嘎寺附近林区，偶见。

174. 斑鸫

学名： *Turdus eunomus*　　　**英文名：** Dusky Thrush　　　**藏语音译：** 纳衣波察

识别特征： 体长 20~24 cm。雄鸟额至背橄榄褐色，头顶微具黑褐色纵纹，腰和尾上覆羽偏棕红色，尾黑褐色，初级飞羽大多为黑褐色，大覆羽和次级飞羽外缘棕红色，眉纹白色，耳羽橄榄褐色，下体白色，胸以及胁具黑色斑点。雌鸟似雄鸟，但上体橄榄褐色，翅上无棕红色羽缘，喉与胸均杂以黑斑，下体栗红色亦较浅淡。虹膜褐色，喙黑褐色，下喙基部黄色，跗跖淡褐色。

生境与习性： 主要栖息于杂木林、桦树林和林缘灌丛地带。除繁殖期成对活动外，其他季节多成群。群体结合较松散。性活跃。主要以昆虫为食。繁殖期 5~8 月。常营巢于树干水平枝杈上，也在树桩或地上营巢。

保护区分布： 见于扎嘎寺附近林区，偶见。

李斌 拍摄

175. 宝兴歌鸫 中国特有种

学名： *Turdus mupinensis* **英文名：** Chinese Thrush **藏语音译：** 纳衣波察

识别特征： 体长 20~24 cm。雌雄相似。上体自额、头顶、枕、后颈、背，一直到尾上覆羽橄榄褐色。眼周、颊和颈侧淡棕白色。耳羽淡棕白色，具黑色端斑。翼上覆羽橄榄褐色，中覆羽和大覆羽具污白色或皮黄色端斑，形成两道淡色翼斑。飞羽暗褐色。颏、喉棕白色，喉具黑色小斑，其余下体白色，具扇形黑斑。尾下覆羽皮黄色，具稀疏的淡褐色斑点。虹膜褐色，喙暗褐色，下喙基部淡黄褐色，跗跖肉色。

生境与习性： 主要栖息于海拔 1 200~3 500 m 的山地针阔混交林和针叶林中。单独或成对活动，多在林下灌丛中或地上觅食。主要以昆虫为食。繁殖期 5~7 月。营巢于乔木侧枝和小灌木上。

保护区分布： 见于格西沟沟口，少见。

雌鸟　胡运彪 拍摄　　　　　　　　　　　　　雄鸟　李斌 拍摄

176. 红喉歌鸲　　　　　　　　　　　　国家二级重点保护野生动物

学名： *Calliope calliope*　　　　**英文名：** Siberian Rubythroat　　　　**藏语音译：** 序勒各马

识别特征： 体长 14~17 cm。雄鸟上体橄榄褐色，额和头顶较暗沾棕褐色，眉纹和下颊纹白色，两翅覆羽和飞羽暗棕褐色，尾上覆羽橄榄褐色微沾黄棕色，尾羽暗棕褐色，下体颏、喉赤红色，外围以狭窄的黑边。雌鸟羽色和雄鸟大致相似，但颏、喉部为白色，胸沙褐色，眉纹和下颊纹棕白色且不明显。虹膜褐色或暗褐色，喙黑褐色或暗褐色，跗跖黄色或黑褐色。

生境与习性： 主要栖息于次生阔叶林、混交林灌丛中。多单独或成对活动。在繁殖期善鸣叫，鸣声悠扬婉转，悦耳动听，富有颤音。主要以昆虫为食，也取食少量浆果等植物性食物。繁殖期 5~7 月。多营巢于灌丛或草丛中的地上。

保护区分布： 见于县城附近农区，偶见。

雄鸟　阙品甲 拍摄　　　　　　　　雄鸟　李斌 拍摄

177. 白须黑胸歌鸲

学名：*Calliope tschebaiewi*　　　**英文名**：Chinese Rubythroat　　　**藏语音译**：序勒仲纳

识别特征：体长 13~16 cm。雄鸟头顶、头侧深灰褐色，额、眉纹和下颊纹白色，背、肩等上体石板灰色，翅上覆羽与背同色，飞羽暗褐色，中央尾羽暗褐色或黑色，颏、喉辉红色，两侧缘以黑色，胸黑色，形成一道宽阔的黑色胸带。雌鸟上体橄榄褐色，头侧和颈侧橄榄灰色具白色眉纹，中央尾羽棕褐色或暗褐色，颏和喉污白色，腹白色沾棕色。虹膜暗褐色，喙黑色，跗跖铅褐色或黑褐色。

生境与习性：主要栖息于海拔 3 000~4 500 m 的高山灌丛草甸和亚高山针叶林中。常单独或成对活动，多隐藏在林下灌丛或草丛间活动。主要以昆虫为食。繁殖期 6~8 月。多营巢于灌丛中地上，也在石头或草丛旁的凹坑中营巢。

保护区分布：主要分布于扎嘎寺和剪子弯山高海拔稀疏灌丛草甸，偶见。

雌鸟　阙品甲 拍摄　　　　　　　　雄鸟　胡运彪 拍摄

178. 白腹短翅鸲

学名：*Luscinia phaenicuroides*　　**英文名**：White-bellied Redstart　　**藏语音译**：觉莫章呷日雪童金

识别特征：体长 16~19 cm。雄鸟额、头顶、头侧、后颈、颈侧、背、肩，一直到尾上覆羽等上体为暗灰蓝色，中央尾羽蓝黑色，尾下覆羽橘黄色，下体颏、喉和胸暗灰蓝色，腹白色，两胁灰蓝或灰褐色。雌鸟上体橄榄褐色，两翅和尾暗褐色，腰、尾上覆羽和尾羽沾棕色，下体棕黄色，腹灰白色。虹膜暗褐色，喙黑褐色，跗跖淡红褐色或肉褐色。

生境与习性：主要栖息于海拔 1 500~4 000 m 的林缘灌丛中。常单独活动。领域性甚强。主要以昆虫为食。繁殖期 6~8 月。常营巢于灌木上。

保护区分布：见于扎嘎寺，偶见。

雄鸟　杨楠 拍摄　　　　　　　　雄性亚成鸟　胡运彪 拍摄

雌鸟　胡运彪 拍摄

179. 蓝眉林鸲

| 学名：*Tarsiger rufilatus* | 英文名：Himalayan Bluetail | 藏语音译：序勒破呷妞郡 |

识别特征： 体长 14 cm 左右。成年雄鸟头部至上背深蓝色，眉纹亮蓝色，眼圈深色，喉纯白色，胸腹白色带灰色，两胁橙黄色，在形态上与红胁蓝尾鸲雄鸟有明显区别。雌鸟头和上体橄榄褐色，眉纹不显或呈不明显的灰白色，眼圈浅色，喉部纯白色。喙黑色，虹膜黑色，跗跖深色。

生境与习性： 栖息于海拔可至 4 400 m 的山地针叶林、针阔混交林和高山灌丛地带。常单独活动。主要以昆虫为食。多营巢于倒木下的凹坑中。

保护区分布： 见于格西沟和下渡沟，偶见。

雄鸟　张永 拍摄

180. 白眉林鸲

学名：*Tarsiger indicus*　　　　**英文名**：White-browed Bush Robin　　　　**藏语音译**：序勒米呷

识别特征：体长 14~15 cm。雄鸟上体包括颈侧和翅上内侧覆羽蓝灰色，白色眉纹向后延伸至后颈，额基、眼先和颊黑色，尾羽黑色，飞羽和外侧覆羽褐色，下体橙棕色，腹部白色，尾下覆羽淡棕白色。雌鸟上体橄榄褐色，眉纹白色，眼先和头侧淡棕杂以褐色，眼周淡棕色，翅和尾暗褐色，外缘橄榄棕色，下体淡棕色，腹部白色，尾下覆羽棕白色。虹膜褐色，喙黑色，跗跖褐色。

生境与习性：主要栖息于海拔 2 100~4 200 m 的针叶林、针阔混交林、阔叶林及林缘灌丛地带。常单独或成对活动。主要以昆虫为食。繁殖期 5~7 月。营巢于岩壁缝隙、石头和树根下面的洞中。

保护区分布：见于下渡沟，少见。

215

雌鸟 杨楠 拍摄　　　　　　雄鸟 杨楠 拍摄

181. 金色林鸲

学名：*Tarsiger chrysaeus*　　　　**英文名**：Gloden Bush Robin　　　　**藏语音译**：序勒破色

识别特征：体长 12~15 cm。雄鸟额、头顶、后颈和背橄榄绿色，眼先、头侧黑色，眉纹黄色，肩、翅上小覆羽、腰和尾上覆羽亦为黄色，中央尾羽黑色，翅上大覆羽黑色，下体自颏、喉直到尾下覆羽全为黄色。雌鸟上体包括两翅表面橄榄绿色或暗橄榄色，眼先、头侧褐色，下体淡黄色，腹和尾下覆羽较淡。虹膜褐色或黑褐色，喙暗褐色，下喙黄色，跗跖肉褐色或肉色。

生境与习性：繁殖期栖息于海拔 2 000~4 500 m 的针叶林、针阔混交林、杜鹃灌丛等生境。秋冬季下到海拔 2 000 m 以下。常单独或成对活动。主要以昆虫为食，也取食少量植物果实与种子。繁殖期 5~8 月。常营巢于土坡、树根或石头下面的凹坑中。

保护区分布：见于扎嘎寺、下渡沟，偶见。

雄鸟 杨楠 拍摄　　　　　　　　雌鸟 张永 拍摄

182. 红胁蓝尾鸲

学名： *Tarsiger cyanurus*　　　**英文名：** Orange-flanked Bluetail　　　**藏语音译：** 序勒破呷妞郡

识别特征： 体长 13~15 cm。雄鸟额、翼上小覆羽、腰和尾上覆羽蓝色，眉纹白色，飞羽褐色，下体灰白色，胁栗橙色。雌鸟上体包括两翅表面橄榄褐色，尾上覆羽灰蓝色，飞羽褐色，眼周棕色，头侧、颈侧和胸橄榄褐色，颏、喉部中央、腹、尾下覆羽白色，胁栗橙色。虹膜褐色或暗褐色，喙黑色，跗跖淡红褐色或淡紫褐色。

生境与习性： 繁殖期主要栖息于海拔 1 000 m 以上的针叶林、针阔混交林和林缘灌丛地带。常单独或成对活动。主要以昆虫为食，也取食少量蜘蛛、蠕虫、蜗牛和植物种子。繁殖期 4~6 月。营巢于倒木下的凹坑中。

保护区分布： 见于扎嘎寺和相格宗，较常见。

雄鸟 杨楠 拍摄　　　　　　　　　　　雌鸟 张永 拍摄

183. 白喉红尾鸲

学名： *Phoenicuropsis schisticeps*　**英文名：** White-throated Redstart　　**藏语音译：** 序勒各呷妞马

识别特征： 体长 14~16 cm。雄鸟额至枕钴蓝色，头侧、背、两翅和尾黑色，翅上有一白斑，腰和尾上覆羽栗棕色，颏黑色，喉中央有一白斑，其余下体栗棕色。雌鸟上体橄榄褐色沾棕色，腰和尾上覆羽栗棕色，翅暗褐色具白斑，尾棕褐色，下体褐灰色沾棕色，喉亦具白斑。虹膜褐色或暗褐色，喙、跗跖黑色。

生境与习性： 繁殖期主要栖息于海拔 2 000~4 000 m 的高山针叶林以及林线以上的疏林灌丛中。常单独或成对活动。主要以昆虫为食，也取食植物果实和种子。繁殖期 5~7 月。营巢于树洞、岩壁洞穴及土坡凹坑中。

保护区分布： 见于扎嘎寺、剪子弯山、相格宗等地，冬季常见。

雄鸟　杨楠　拍摄　　　　　　　　　　雌鸟　杨楠　拍摄

184. 蓝额红尾鸲

学名： *Phoenicuropsis frontalis*　**英文名：** Blue-fronted Redstart　**藏语音译：** 序勒俄纳破马妞马

识别特征： 体长 13~16 cm。雄鸟前额和眉纹辉蓝色，头顶至背和翅上中、小覆羽以及颏、喉和上胸暗蓝色，腰、尾上覆羽和下体余部栗棕色，中央尾羽黑色，翅黑褐色。雌鸟上体除腰和尾上覆羽棕栗色外，大部为暗棕褐色，两翅黑褐色具狭窄的棕褐色羽缘，尾似雄鸟，颏、喉及胸棕褐色。虹膜暗褐色，喙、跗跖黑色。

生境与习性： 繁殖期主要栖息于海拔 2 000~4 200 m 的针叶林和高山灌丛和草甸中。常单独或成对活动。主要以昆虫为食，也取食少量植物果实与种子。繁殖期 5 月末至 8 月初。常营巢于倒木下或岩石下的凹坑中，也在岩壁洞穴和缝隙中营巢。

保护区分布： 见于扎嘎寺、相格宗和格西沟，常见。

雄鸟　杨楠 拍摄

雌鸟　何兴成 拍摄

185. 赭红尾鸲

学名： *Phoenicurus ochruros*　　　　**英文名：** Black Redstart　　　　**藏语音译：** 序勒妞马

识别特征： 体长 13~16 cm。雄鸟头顶和背黑色或暗灰色，额、头、颈侧暗灰色或黑色，腰和尾上覆羽栗棕色，中央尾羽褐色，飞羽暗褐色，下体颏、喉、胸黑色，腹和尾下覆羽栗棕色。雌鸟上体灰褐色，两翅褐色或浅褐色，腰、尾上覆羽和外侧尾羽淡栗棕色，中央尾羽淡褐色，颏至胸灰褐色，腹浅棕色，尾下覆羽浅棕褐色或乳白色。虹膜暗褐色，喙、跗跖黑褐色。

生境与习性： 主要栖息于海拔 2 500~4 500 m 的针叶林和林线以上的灌丛草地中。除繁殖期成对外，平时多单独活动。主要以昆虫为食。繁殖期 5~7 月。常营巢于林下灌丛或岩石缝隙中，偶尔也在树洞中或树杈上营巢。

保护区分布： 见于扎嘎寺、相格宗，偶见。

雄鸟　杨楠 拍摄

186. 黑喉红尾鸲

学名： *Phoenicurus hodgsoni*　　　**英文名：** Hodgson's Redstart　　　**藏语音译：** 序勒各纳破马

识别特征： 体长 13~16 cm。雄鸟前额灰白色，头顶至背灰色，腰、尾上覆羽和尾羽棕色或栗棕色，中央一对尾羽褐色，两翅暗褐色具白色翼斑，额基、眼先、头侧、耳羽、颏、喉，一直到上胸几乎均为黑色，其余下体棕色或栗色。雌鸟似赭红尾鸲雌鸟，上体和两翅灰褐色，翅上无翼斑，腰至尾和雄鸟相似，亦为棕色，下体灰褐色，尾下覆羽浅棕色。虹膜暗褐色，喙、跗跖黑褐色。

生境与习性： 主要栖息于海拔 2 000~4 000 m 的灌丛、林缘和草地中。常单独或成对活动，有时亦见成 3~5 只的小群。主要以昆虫为食，仅取食少量植物果实和种子。繁殖期 5~7 月。营巢于岩石、崖壁和墙壁等人类建筑物上的缝隙和洞穴中。

保护区分布： 见于下渡沟，偶见。

雄鸟 李斌 拍摄

雌鸟 杨楠 拍摄

187. 北红尾鸲

学名: *Phoenicurus auroreus*   **英文名:** Daurian Redstart   **藏语音译:** 序勒各纳破色

识别特征: 体长 13~15 cm。雄鸟额至上背铅灰白色,背、肩黑色,翅上具白色翼斑,腰和尾上覆羽棕色,额基、头侧、颈侧和颏、喉与上胸黑色,下体余部橙棕色。雌鸟上体橄榄褐色,腰棕黄色,尾上覆羽和尾羽淡橙棕色,中央尾羽暗褐色,两翅暗褐色,亦具白斑,额至胸灰褐色,胁和尾下覆羽浅棕色。虹膜褐色,喙、跗跖黑色。

生境与习性: 主要栖息于山地、森林、河谷、林缘和居民点附近的灌丛与低矮树丛中。常单独或成对活动。主要以昆虫为食,兼食少量浆果或草籽。繁殖期 4~7 月。营巢于房屋墙壁破洞、缝隙,也营巢于树洞、岩洞、树根下和土坎中。

保护区分布: 见于下渡沟和县城附近,较常见。

雄鸟　杨楠 拍摄

188. 红腹红尾鸲

学名： *Phoenicurus erythrogastrus*　　**英文名：** White-winged Redstart　　**藏语音译：** 序勒妞马

识别特征： 体长 16~19 cm。雄鸟头顶至枕白色，前额、头侧、颈侧、背、肩和翅上覆羽黑色，腰、尾上覆羽和尾羽栗棕色。飞羽黑褐色。颏、喉、上胸黑色。雌鸟上体灰褐色，头顶和后颈缀有灰色，腰、尾上覆羽、尾下覆羽和尾栗棕色，但颜色较淡。虹膜褐色，喙、跗跖黑色。

生境与习性： 主要栖息于海拔 3 000~5 500 m 的开阔多岩旷野中。除繁殖期成对外，多单独活动，有时也成小群。主要以昆虫为食，也取食蠕虫等其他小型无脊椎动物和少量植物果实与种子。繁殖期 6~7 月。常营巢于高山苔原地带岩石下的凹陷处。

保护区分布： 见于剪子弯山 318 国道附近，少见。

雄鸟 李斌 拍摄　　　　　　　　　　雌鸟 杨楠 拍摄

189. 红尾水鸲

学名： *Rhyacornis fuliginosa*　　**英文名：** Plumbeous Water Redstart　　**藏语音译：** 序勒妞康

识别特征： 体长 13~14 cm。雄鸟通体大部灰蓝色，额基、眼先蓝黑色，头侧、耳羽、颈部和上胸较其他部位暗，腹部较淡，两翅黑褐色，尾上覆羽、尾下覆羽和尾羽栗红色。雌鸟上体暗灰褐色，尾基部白色，翅褐色具两道白色翼斑，下体白，具淡蓝灰色的"V"形斑，向后转为波状横斑。虹膜褐色，喙黑色，跗跖黑色或暗褐色。

生境与习性： 主要栖息于溪流与河谷沿岸。常单独或成对活动。多站立在水边或水中石头上，停立时尾常不断地上下摆动，间或将尾散成扇状。主要以昆虫为食，也取食少量植物果实和种子。繁殖期 3~7 月。常营巢于岸边悬岩洞隙、岩石或土坎凹陷处。

保护区分布： 保护区全域水域可见，极为常见。

张永 拍摄　　　　　　　　　亚成鸟　杨楠 拍摄

190. 白顶溪鸲

学名: *Chaimarrornis leucocephalus*　**英文名:** White-capped Water Redchat　**藏语音译:** 序勒俄呷

识别特征: 体长 16~20 cm。雌雄相似。头顶至枕纯白色。前额、眼先、头侧、颈、背、肩黑色具光泽，两翅覆羽和飞羽黑褐色，腰和尾上覆羽栗红色。尾栗红色，端部灰色。下体颏、喉、胸深黑色，腹至尾下覆羽栗红色。虹膜暗褐色，喙、跗跖黑色。

生境与习性: 主要栖息于山地溪流与河谷沿岸，有时亦见于干涸的河床与山谷。常单独或成对活动，有时亦见 3~5 只成群在一起。常沿水面低空飞行。主要以各种陆生和水生昆虫为食，也取食少量软体动物和其他无脊椎动物及植物果实与种子等。繁殖期 4~7 月。常营巢于溪边树根下或岩石缝隙、岩石凹坑、土坎中。

保护区分布: 保护区全域水域可见，极为常见。

225

张永 拍摄

191. 紫啸鸫

学名：*Myophonus caeruleus*　　　　**英文名**：Blue Whistling Thrush　　　　**藏语音译**：纳衣波郡

识别特征：体长 28~35 cm。雌雄相似。前额基部和眼先黑色，头部其余部位和整个上下体羽深紫蓝色，具辉亮的淡紫色滴状斑。两翅黑褐色，翅上覆羽外翈深紫蓝色。飞羽亦为黑褐色。尾羽内翈黑褐色，外翈深紫蓝色。虹膜暗褐色或黑褐色，喙黄色，跗跖黑色。

生境与习性：主要栖息于海拔 3 800 m 以下的山地森林溪流沿岸，尤以阔叶林和针阔混交林中多岩的山涧溪流沿岸较常见。单独或成对活动。地栖性。主要以昆虫为食，也取食蚌、蟹等其他动物，偶尔取食植物果实与种子。繁殖期 4~7 月。常营巢于溪边突出的岩石凹陷或岩缝间，以及树木的裂缝中。

保护区分布：见于格西沟和下渡沟，偶见。

李斌 拍摄

192. 斑背燕尾

学名： *Enicurus maculatus*   **英文名：** Spotted Forktail   **藏语音译：** 苦破甲吓

识别特征： 体长 24~25 cm。雌雄相似。额至头顶前部白色，其余头顶褐或黑褐色。眼先、头侧、颈、肩和背黑色，后颈有一由白色斑点组成的横带，两肩和背具白色圆形斑点，腰和尾上覆羽白色。尾呈深叉状，黑色。两翅黑色，大覆羽具白色端斑，次级飞羽基部和外翈尖端白色，在翅上形成宽阔的白色翼斑。颏、喉、胸黑色，腹和尾下覆羽白色。虹膜暗褐色，喙黑色，跗跖肉色。

生境与习性： 主要栖息于山地森林中的溪流沿岸。常单独或成对活动。性活泼而大胆，平常多沿溪边活动和觅食，有时也进入到水边浅水处。主要以昆虫为食，也取食甲壳类和其他无脊椎动物。繁殖期 4~7 月。常营巢于山地森林中溪流沿岸的土坡凹坑中。

保护区分布： 见于格西沟，偶见。

雄鸟　杨楠 拍摄　　　　　　　　　　　　　雌鸟　杨楠 拍摄

193. 黑喉石䳭

学名: *Saxicola maurus*　　　　**英文名:** Siberian Stonechat　　　　**藏语音译:** 序勒各纳

识别特征: 体长 12~15 cm。雄鸟自额至腰上部黑色,尾上覆羽白色,尾羽黑色,两翅黑褐色,内侧覆羽白色,头侧、颏和喉黑色,颈和胸侧白色,胸深栗棕色,胁和腹部转浅,腹部中央呈浅棕色。雌鸟上体褐色,各羽具有较宽的淡棕色羽缘,翅和尾羽褐色,内侧覆羽具白斑,颏、喉淡棕色,胸、腹部均较雄鸟浅淡。虹膜褐色或暗褐色,喙、跗跖黑色。

生境与习性: 主要栖息于丘陵、平原、草地、沼泽,以及湖泊与河流沿岸附近的灌丛草地。常单独或成对活动。主要以昆虫为食,也取食蚯蚓、蜘蛛等其他无脊椎动物以及少量植物果实和种子。繁殖期 4~7 月。常营巢于土坎、岩缝、土洞、倒木树洞和地面凹坑中。

保护区分布: 见于扎嘎寺和剪子弯山附近高海拔区域,较常见。

雄鸟 周华明 拍摄　　　　　亚成鸟 李斌 拍摄

194. 灰林䳭

学名: *Saxicola ferreus*　　　**英文名:** Grey Bushchat　　　**藏语音译:** 纳衣吓吓

识别特征: 体长 12~14 cm。雄鸟上体黑褐色，具有较宽的深灰色羽缘，尾黑褐色，外缘灰色，最外侧一对灰褐色，翅黑褐色，眉纹白色，眼先、颊和耳羽黑色，下体白色，胸和胁浅灰色。雌鸟上体棕褐色，尾上覆羽栗褐色，翅和尾暗褐色，颏、喉白色，下体余部浅棕色。虹膜褐色，喙、跗跖黑色。

生境与习性: 主要栖息于海拔 3 000 m 以下的林缘、灌丛以及沟谷、农田和草地生境。常单独或成对活动，有时亦成 3~5 只的小群。主要以昆虫为食，偶尔也取食植物果实和种子。繁殖期 5~7 月。常营巢于地上草丛或灌丛中，也营巢于土坎中。

保护区分布: 见于下渡村附近，偶见。

周华明 拍摄　　　　　　　　　　　幼鸟　李斌 拍摄

195. 乌鹟

学名：*Muscicapa sibirica*　　　　　**英文名**：Dark-sided Flycatcher　　　　　**藏语音译**：纳衣共纳

识别特征：体长 12~13 cm。雌雄相似。上体灰褐色，眼先和眼周皮黄色。两翅覆羽和飞羽黑褐色，大覆羽和三级飞羽羽缘淡棕色，初级飞羽内翈羽缘棕褐色，次级飞羽羽缘白色。尾灰褐色。颏、喉白色或污白色。胸和两胁具不清晰的灰褐色纵纹，腹和尾下覆羽白色。虹膜暗褐色，喙黑褐色，跗跖黑色。

生境与习性：主要栖息于针阔混交林和针叶林中。除繁殖期成对活动外，其他时间多单独活动。主要以昆虫为食，也取食少量植物种子。繁殖期 5~7 月。常营巢于针叶树侧枝上。

保护区分布：见于扎嘎寺，偶见。

雄鸟　曹勇刚 拍摄　　　　　　　　雄鸟　李斌 拍摄

196. 橙胸姬鹟

学名： *Ficedula strophiata*　　**英文名：** Rufous-gorgeted Flycatcher　　**藏语音译：** 纳衣仲马

识别特征： 体长 12~16 cm。雄鸟额基黑色，具白色短眉纹，头顶至腰和肩橄榄褐色，尾上覆羽和尾黑色，外侧尾羽基部白色，小覆羽褐灰色，其余翼羽黑褐色，外缘橄榄黄色，头颈两侧暗灰色，额、喉黑色，胸部有一橙斑，上腹暗灰色，向后至尾下覆羽逐渐转白。雌鸟额无黑色，额、喉暗灰色，胸部橙斑模糊，其余与雄鸟相似。虹膜褐色或暗褐色，喙黑色，跗跖灰褐色或暗褐色。

生境与习性： 主要栖息于常绿阔叶林和针阔混交林中。常单独或成对活动，有时亦见成小群。主要以昆虫为食，也取食种子、植物嫩叶和果实。繁殖期 5~7 月。营巢于小的天然树洞中。

保护区分布： 见于下渡村和格西沟，较常见。

雄鸟　李斌 拍摄　　　　　　　　　　　　　　雄鸟　李斌 拍摄

197. 棕腹仙鹟

学名：*Niltava sundara*　　　　**英文名**：Rufous-bellied Niltava　　　　**藏语音译**：纳衣破康

识别特征：体长 12~16 cm。雄鸟头顶、腰和尾上覆羽辉钴蓝色，背暗蓝色，颈侧有一辉钴蓝色斑。背、肩翅上大覆羽深紫蓝色，外翈羽缘钴蓝色，下体颏、喉黑色，其余部位栗棕色。雌鸟上体橄榄褐色，尾上覆羽沾棕色，两翅和尾暗褐色，下体淡橄榄褐色，颈侧有一钴蓝色块斑，上胸中部有一白斑，下腹和尾下覆羽灰白色。虹膜褐色或暗褐色，喙黑色，跗跖褐色或黑色。

生境与习性：繁殖季主要栖息于海拔 1 200~2 500 m 的阔叶林、竹林、针阔混交林和林缘灌丛中。多单独或成对活动。主要以昆虫为食，也取食少量植物果实和种子。繁殖期 5~7 月。常营巢于土坡洞穴中或岩石缝隙中，也在天然树洞中营巢。

保护区分布：见于扎嘎寺，少见。

杨楠 拍摄   杨楠 拍摄

198. 戴菊

学名：*Regulus regulus*   **英文名**：Goldcrest   **藏语音译**：纳衣里郡

识别特征：体长 9~10 cm。雄鸟前额橄榄绿色沾灰色，头顶中央有一前窄后宽的橙色斑，前端偏黄，橙色斑两侧各有一条黑纹，背、肩、腰呈橄榄绿色，尾上覆羽转为黄绿色，尾羽黑褐色，飞羽黑褐色，大、中覆羽末端乳白色，形成两道翼斑，眼周灰白色，头侧灰橄榄色，下体灰白色。雌鸟羽色稍暗淡，头顶中央呈黄色。虹膜褐色，喙黑色，跗跖淡褐色。

生境与习性：主要栖息于海拔 800 m 以上的针叶林和针阔混交林中。除繁殖期单独或成对活动外，其他时间多成群。主要以各种昆虫为食，也取食少量植物种子。繁殖期 5~7 月。多营巢于针叶树的侧枝上。

保护区分布：见于扎嘎寺，有一定种群数量，夏季较常见。

雄鸟 何兴成 拍摄　　　　　　雄鸟 李斌 拍摄

199. 蓝喉太阳鸟

学名： *Aethopyga gouldiae*　　　**英文名：** Mrs Gould's Sunbird　　　**藏语音译：** 吓尼马各昂

识别特征： 雄鸟 13~16 cm，雌鸟 9~11 cm。雄鸟前额至头顶以及颏和喉均为辉紫蓝色，眼先、颊、头侧、后颈、颈侧、背、肩以及翅上中覆羽和小覆羽为朱红色，耳后和胸侧各有一紫蓝色斑，腰、腹黄色。雌鸟上体灰绿色或橄榄绿色，腰黄色，颊、耳羽、颈侧、颏、喉和上胸灰橄榄色，两翅和尾灰褐色，外侧尾羽具白色端斑。虹膜深褐色或暗褐色，喙、跗跖黑褐色。

生境与习性： 主要栖息于海拔 1 000~3 500 m 的常绿阔叶林和针阔混交林中，有时也见于竹林和灌丛。常单独或成对活动，也见 3~5 只或 10 多只成群。主要以花蜜为食，也取食昆虫、蜘蛛等动物性食物。繁殖期 4~6 月。营巢于乔木侧枝上。

保护区分布： 见于县城附近，偶见。

200. 领岩鹨

学名：*Prunella collaris*　　　英文名：Alpine Accentor　　　藏语音译：贡序

识别特征： 体长 16~20 cm。雌雄相似。额、头顶、头侧、枕至后颈、颈侧，有的至上背均为灰褐色。背、肩棕褐色具黑褐色纵纹。腰和尾上覆羽棕栗色，尾羽黑褐色具白色端斑。飞羽黑褐色具窄的白色羽缘。颏、喉白色具黑色横斑。胸和腹灰褐色，两胁栗色。虹膜暗褐色或栗色，喙黑褐色，上喙基部、喙缘和下喙基部黄色，跗跖和趾淡红色或肉褐色。

生境与习性： 繁殖季主要栖息于海拔 1 500~5 000 m 的开阔多岩生境。繁殖期多单独或成对活动，其他季节则喜成群。主要以昆虫为食，也取食蜘蛛等其他小型无脊椎动物和浆果、种子、嫩叶等植物性食物。繁殖期 6~7 月。常营巢于岩石缝隙和乱石堆的石穴中。

保护区分布： 见于剪子弯山，偶见。

胡颢宇 拍摄　　　　　　　　　　　　　　　　　杨楠 拍摄

201. 鸲岩鹨

学名：*Prunella rubeculoides*　　　　**英文名**：Robin Accentor　　　　**藏语音译**：贡序仲马

识别特征：体长 15~17 cm。雌雄相似。前额、头顶、枕、头侧、后颈和颈侧灰褐色。背、肩、腰棕褐色并具宽阔的黑色纵轴纹。尾上覆羽橄榄褐色，尾羽褐色。翼上小覆羽和中覆羽灰褐色，大覆羽褐色。颏、喉灰褐色，胸赤褐色，腹和两胁白色。虹膜褐色，喙黑色，跗跖肉褐色。

生境与习性：主要栖息于海拔 3 000~5 000 m 的高山灌丛、草甸、荒滩和耕地、牧场等生境中。除繁殖期成对或单独活动外，其他季节多成群。主要以昆虫为食，也取食植物果实和种子。繁殖期 5~7 月。营巢于灌木上。

保护区分布：见于相格宗、扎嘎寺。

杨楠 拍摄　　　　　　　　　　　　　　　杨楠 拍摄

202. 棕胸岩鹨

学名: *Prunella strophiata*　　　　**英文名:** Rufous-breasted Accentor　　　　**藏语音译:** 贡序仲康

识别特征: 体长 13~15 cm。雌雄相似。上体浅棕褐色,具黑褐色纵纹。腰、尾上覆羽浅褐色。尾羽褐色。翅暗褐色,羽缘棕褐色。眼先、颊、耳羽均黑褐色。颏、喉白色,杂黑褐色点斑。胸棕红色,腹污白色,胁、尾下覆羽近白色,具暗褐色纵纹。虹膜暗褐色或褐色,喙黑褐色,跗跖肉色或红褐色。

生境与习性: 繁殖期主要栖息于海拔 1 800~4 500 m 的高山灌丛和林缘灌丛中。除繁殖期成对或单独活动外,其他季节多成家族群或小群活动。主要以植物的种子为食,也取食少量昆虫等动物性食物。繁殖期 6~7 月。常营巢于灌木上。

保护区分布: 见于剪子弯山、相格宗、扎嘎寺,常见。

杨楠 拍摄

杨楠 拍摄

203. 褐岩鹨

学名：*Prunella fulvescens* **英文名**：Brown Accentor **藏语音译**：贡序破康

识别特征：体长 13~16 cm。雌雄相似。前额、头顶、枕黑褐色，有一长而宽阔的白色眉纹。背、肩灰褐色，具暗褐色纵纹，腰和尾上覆羽淡褐色无纵纹。尾褐色并具淡色羽缘。翅褐色，中覆羽和大覆羽具淡色端斑。眼先、颊、耳羽黑色。颏、喉白色，其余下体皮黄色。虹膜黄色或暗褐色，喙黑色或暗褐色，跗跖肉色或黄褐色。

生境与习性：主要栖息于海拔 2 500~4 500 m 的草地、荒野、农田、牧场等生境。繁殖期间常单独或成对活动，非繁殖期多集群。主要以昆虫为食，也取食蜗牛等其他小型无脊椎动物和植物果实、种子等植物性食物。繁殖期 5~7 月。营巢于岩石下、土堆旁和灌木丛的凹坑中。

保护区分布：见于剪子弯山，较常见。

238

李斌 拍摄

204. 栗背岩鹨

学名： *Prunella immaculata*　　**英文名：** Maroon-backed Accentor　　**藏语音译：** 贡序甲康

识别特征： 体长 13~16 cm。雌雄相似。额灰黑色，头顶、后颈和耳羽灰色。上背橄榄褐色，肩和下背棕栗色，腰和尾上覆羽橄榄褐色。尾羽黑褐色。飞羽大部黑褐色。颏至胸灰色，腹浅棕色，尾下覆羽棕色。虹膜灰白色，喙黑色，跗蹠肉色、暗褐色或淡蜡黄色。

生境与习性： 夏季主要栖息于海拔 2 500~4 500 m 的针叶林、林缘灌丛、草甸、多岩草地等生境中。除繁殖期成对活动外，多成 3~5 只的小群，偶尔也见成大群。主要以昆虫为食，也取食植物果实和种子。繁殖期 5~7 月。营巢于草丛或灌丛中的地面凹坑中。

保护区分布： 见于下渡沟。

雄鸟　张永 拍摄

雌鸟　张永 拍摄

205. 山麻雀

学名： *Passer cinnamomeus*　　　　**英文名：** Russet Sparrow　　　　**藏语音译：** 序勒

识别特征： 体长 13~15 cm。雄鸟上体栗红色，背部具黑色纵纹，尾羽暗褐色，羽缘较淡，两翅暗褐色，外缘棕白色，眼先及颏、喉黑色，耳羽灰白色，下体余部浅黄色。雌鸟上体除腰为栗红色外均为暗栗色，背部具棕褐色纵纹，眼先及耳羽褐色，眉纹、颊及颏、喉均为皮黄色。虹膜栗褐色或褐色，喙黑色，跗跖和趾黄褐色。

生境与习性： 多活动于林缘灌丛和草丛中。性喜结群，除繁殖期间单独或成对活动外，其他期间多成小群。主要以昆虫和植物性食物为食。繁殖期 4~8 月。多营巢于崖壁天然洞穴中，也营巢于堤坝、桥梁缝隙或房檐下和墙壁洞穴中。

保护区分布： 见于扎嘎寺、相格宗和下渡村，较常见。

杨楠 拍摄

206. 麻雀

学名： *Passer montanus*　　　　**英文名：** Eurasian Tree Sparrow　　　　**藏语音译：** 序切巴

识别特征： 体长 13~15 cm。雄鸟前额、头顶至后颈纯栗褐色，眼先、眼下缘黑色，颊和颈侧白色，耳羽具黑斑，背、肩棕褐色具较粗的黑色纵纹，腰和尾上覆羽褐色，尾暗褐色，两翅褐色，中覆羽和大覆羽具白色端斑，形成两道白色翼斑。颏和喉中央黑色。雌鸟和雄鸟相似，但下体羽色稍淡，喉部黑斑亦较灰。虹膜暗褐或暗红褐色，嘴黑色，跗跖土黄色。

生境与习性： 主要栖息在人类居住环境。性喜成群，除繁殖期外常成群活动，秋冬季有时集成大群。性活泼。食性较杂，主要以种子、果实等植物性食物为食，偶尔也取食昆虫等动物性食物。繁殖期 3~8 月。营巢于村庄、城镇等人类居住地区的房屋、桥梁以及其他人工建筑物的洞穴中。

保护区分布： 见于扎嘎寺、相格宗和下渡村，常见。

周华明 拍摄

207. 褐翅雪雀

学名: *Montifringilla adamsi*　　　　**英文名:** Tibetan Snowfinch　　　　**藏语音译:** 贡序旭康

识别特征: 体长 14~18 cm。雌雄相似。额、头顶、枕、后颈、背和腰灰褐色,具暗褐色羽干纹。两翅黑褐色,翅上小覆羽和中覆羽褐色,尖端白色,大覆羽和初级覆羽白色具褐色端斑。尾上覆羽和一对中央尾羽黑色。颏、喉黑色,其余下体灰白色。虹膜茶黑色,喙和跗跖黑色。

生境与习性: 主要栖息于高山和高原的裸岩地带。常成对或成小群活动。以果实、种子、叶、芽等植物性食物为食,也取食昆虫等动物性食物,繁殖季节主要以昆虫为食。繁殖期 6~8 月。营巢于岩石洞穴和动物废弃的地面坑洞中。

保护区分布: 见于剪子弯山,少见。

杨楠 拍摄

张永 拍摄

208. 白腰雪雀

学名：*Onychostruthus taczanowskii* **英文名**：White-rumped Snowfinch **藏语音译**：贡细格呷

识别特征：体长 14~18 cm。雌雄相似。前额白色，眼先黑褐色，头顶、枕、后颈、颊、耳羽和颈侧淡褐色。背和肩淡褐色并具暗褐色纵纹，腰白色。中央尾羽黑褐色，外侧尾羽白色。翅上初级覆羽黑褐色，其余覆羽与背同色，飞羽黑褐色。下体白色或污白色，胸沾褐灰色。虹膜茶黑色，喙夏季黑色，冬季黄色，跗跖黑色。

生境与习性：栖息于海拔 3 000~4 500 m 的高山草地和有稀疏植物的荒漠及半荒漠地带。成对或小群活动。主要以草籽等植物种子为食，也取食昆虫等动物性食物。繁殖期 5~8 月。营巢于岩石洞穴、废弃房屋墙洞和鼠兔废弃的洞穴中。

保护区分布：见于剪子弯山，偶见。

杨楠 拍摄

杨楠 拍摄

209. 棕颈雪雀

学名： *Pyrgilauda ruficollis*　　**英文名：** Rufous-necked Snowfinch　　**藏语音译：** 贡序革康

识别特征： 体长 14~16 cm。雌雄相似。上体灰褐色或沙褐色，具黑褐色纵纹。前额灰白色，眉纹白色，具黑色贯眼纹。后颈、颈侧和胸侧棕色。尾上覆羽褐色。颊、颏、喉白色，喉侧有两条黑色髭纹。胸灰白色，其余下体为白色，两胁沾棕色。相似种白腰雪雀腰为白色，后颈和颈侧不为棕色。虹膜黑褐色或橙红色，喙夏季黑色，冬季藏蓝色，跗跖黑色。

生境与习性： 主要栖息于海拔 2 500~4 000 m 的高山裸岩、草地、荒漠和半荒漠生境。繁殖期间多成对活动，其他季节多成小群活动。主要以昆虫和植物种子为食。繁殖期 5~8 月。巢多筑在废弃的鼠兔洞穴中。

保护区分布： 见于剪子弯山，较常见。

周华明 拍摄

210. 山鹡鸰

学名： *Dendronanthus indicus*　　　　**英文名：** Forest Wagtail　　　　**藏语音译：** 曲序、细勒纳衣

识别特征： 体长 15~17 cm。雌雄相似。额、头顶、后颈、肩、背等整个上体橄榄褐色。尾上覆羽深褐色，尾黑色。翅上小覆羽橄榄褐色，中覆羽和大覆羽黑褐色，有两道显著的白色翼斑，飞羽黑褐色。眉纹淡黄色。下体白色，具两道黑色胸带。虹膜暗褐色或红褐色，上喙黑褐色，下喙肉色或黄色，跗跖肉色。

生境与习性： 主要栖息于低山丘陵地带的森林中，尤以稀疏的次生阔叶林中较常见。常单独或成对活动。主要以昆虫为食，也取食蜗牛、蛞蝓等小型无脊椎动物。繁殖期 5~7 月。营巢于较粗的乔木水平侧枝上。

保护区分布： 主要见于雅砻江沿岸县城附近，少见。

211. 黄鹡鸰

学名： *Motacilla tschutschensis*　　**英文名：** Eastern Yellow Wagtail　　**藏语音译：** 曲序破色

识别特征： 体长 15~18 cm。雌雄相似。上体主要为橄榄绿色或草绿色。头顶和后颈多为灰色、蓝灰色、暗灰色或绿色，眉纹白色，部分亚种无眉纹。腰部较黄。尾黑色，外侧两对尾羽白色。下体黄白色。两翅黑褐色，中覆羽和大覆羽具黄白色端斑，形成两道翼斑。虹膜褐色，喙、跗跖黑色。

生境与习性： 栖息于低山丘陵、平原以及高原开阔地带。多成对或成 3~5 只的小群，迁徙期亦见数十只的大群活动。主要停栖在河边或河心石头上，尾不停地上下摆动。飞行时呈波浪式前进。主要以昆虫为食。繁殖期 5~7 月。常营巢于草丛和土坡凹坑中。

保护区分布： 主要见于雅砻江沿岸，较常见。

雌鸟繁殖羽　周华明 拍摄　　　　　　雄鸟繁殖羽　李斌 拍摄

212. 黄头鹡鸰

学名： *Motacilla citreola*　　　　**英文名：** Citrine Wagtail　　　　**藏语音译：** 曲序俄色

识别特征： 体长 15~19 cm。雄鸟繁殖羽头和上体鲜黄，尾下覆羽较白，上体余部及肩、尾黑褐色，大、中覆羽有白端。雄鸟非繁殖羽上体苍灰色，具或宽或窄的黑色领环。雌鸟非繁殖羽和繁殖羽额和眉纹均黄色，头顶灰褐色，背以后上体苍灰色，耳覆羽灰褐色而杂黄斑，其余同雄鸟。虹膜暗褐色或黑褐色，喙黑色，跗跖乌黑色。

生境与习性： 主要栖息于湖畔、河边、农田、草地、沼泽等各类生境中。常成对或成小群活动，也见有单独活动的。主要以昆虫为食，偶尔也取食少量植物性食物。繁殖期 5~7 月。常营巢于土坡或草丛中的凹坑中。

保护区分布： 主要见于扎嘎寺、格西沟和雅砻江河谷，较常见。

雄鸟繁殖羽　张永 拍摄　　　　　　　　　　　　　　　　杨楠 拍摄

213. 灰鹡鸰

学名：*Motacilla cinerea*　　　　**英文名**：Gray Wagtail　　　　**藏语音译**：曲序俄吓

识别特征：体长 16~19 cm。雄鸟繁殖羽额至腰和肩灰褐色，尾下覆羽黄绿色，尾羽黑褐色，最外侧 3 对尾羽逐渐变为全白，三级飞羽黑色而具白色羽缘，眼先黑色，眉纹白色，其余头颈两侧灰褐色，颏至喉黑色，下体余部鲜黄色。非繁殖羽喉白色，雌鸟与雄鸟非繁殖羽相似。虹膜褐色，喙黑褐色或黑色，跗跖和趾暗绿色或褐色。

生境与习性：主要栖息于溪流、河谷、湖泊、沼泽等水域岸边或附近的草地、农田生境。常单独或成对活动，有时也集成小群或与白鹡鸰混群。主要以昆虫为食，也取食蜘蛛等其他小型无脊椎动物。繁殖期5~7月。营巢于河流两岸的土坡凹坑中。

保护区分布：保护区全域可见，常见。

248

惠营 拍摄　　　　　　　　　　　　　　　　　李斌 拍摄

214. 白鹡鸰

学名：*Motacilla alba*　　　　　英文名：White Wagtail　　　　　藏语音译：曲序俄呷

识别特征：体长16~20 cm。雌雄相似。各亚种羽色稍有不同。额、头顶前部和脸黑色，头顶后部、枕和后颈黑色。背、肩黑色或灰色，飞羽黑色。翅上小覆羽灰色或黑色，中覆羽、大覆羽白色或尖端白色，在翅上形成明显的白色翼斑。尾羽黑色，最外侧两对尾羽主要为白色。额、喉白色或黑色，胸黑色，其余下体白色。虹膜黑褐色，喙和跗跖黑色。

生境与习性：主要栖息于河流、湖泊等水域岸边的各类生境中。常单独、成对或呈3~5只的小群活动。主要以昆虫为食，也取食蜘蛛等其他无脊椎动物，偶尔取食植物种子、浆果等植物性食物。繁殖期4~7月。常营巢在水域附近的岩洞、土坎、田边石隙以及草丛中。

保护区分布：保护区全域均有分布，极为常见。

杨楠 拍摄

215. 树鹨

| 学名：*Anthus hodgsoni* | 英文名：Olive-backed Pipit | 藏语音译：序勒 |

识别特征： 体长 15~16 cm。雌雄相似。上体和肩橄榄绿色或灰绿色，具黑褐色纵纹。尾羽黑褐色，最外侧两对尾羽有楔形白斑。两翅表面黑褐色。耳覆羽近黑褐色，颊纹和下颊纹黑褐色。下体白色，喉至胸和胁沾棕色，胸部和胁部有黑色纵纹。虹膜红褐色，上喙黑色，下喙肉黄色，跗跖和趾肉色或肉褐色。

生境与习性： 繁殖期主要栖息在林缘、河谷、林间空地、高山苔原、草地等各类生境。性机警。主要以昆虫为食，也取食蜘蛛、蜗牛等小型无脊椎动物，有时也取食种子等植物性食物。繁殖期 6~7 月。常营巢于林缘、林间路边或林中空地等开阔地带的地上草丛凹坑内。

保护区分布： 保护区全域均有分布，较常见。

曹勇刚 拍摄

李斌 拍摄

216. 粉红胸鹨

学名：*Anthus roseatus*　　　　英文名：Rosy Pipit　　　　藏语音译：贡序

识别特征： 体长 14~17 cm。雌雄相似。繁殖羽额至后颈灰绿色，上体余部和肩橄榄褐色。头顶至背有黑褐色纵纹，尾羽黑褐色，最外侧两对尾羽具楔状白斑。翅表面黑褐色。眉纹淡红色，耳覆羽灰绿色，眼先和颊纹黑色。颏至上腹粉红色，胁有黑褐纵纹。非繁殖羽的胸部和腹部粉红色几乎全部消失，具黑褐色纵纹。虹膜暗褐色，喙黑褐色，跗跖褐色或肉色。

生境与习性： 主要栖息于山地灌丛、沼泽、河谷、草原等开阔环境。常单独或成对活动。繁殖期主要以昆虫为食，非繁殖期则主要以各种草本植物的种子等植物性食物为食。繁殖期 6~7 月。常营巢于草丛中的凹坑中。

保护区分布： 见于剪子弯山和扎嘎寺，较常见。

雄鸟非繁殖羽　李斌 拍摄

217. 燕雀

学名：_Fringilla montifringilla_　　　　**英文名：**Brambling　　　　**藏语音译：**觉查

识别特征：体长 14~17 cm。雄鸟非繁殖羽自额至背及头颈两侧偏斑驳的黑色，各羽具较宽的棕黄色羽缘，腰白色，尾上覆羽和尾黑色，最外侧尾羽外翈基部白色，肩和小覆羽棕色，中覆羽先端棕白色，大覆羽黑色而具白端，飞羽黑色，颏至胸和胁橙棕色，腹白色，尾下覆羽污白色。雌鸟与雄鸟相似，但黑色部分转为黑褐色，下体的橙棕色较淡。虹膜褐色或暗褐色，喙基部黄色，喙尖黑色，跗跖暗褐色。

生境与习性：主要栖息于阔叶林、针阔混交林和针叶林等各类森林中。除繁殖期成对活动外，其他季节多成群，尤其是迁徙期间常集成大群。主要以果实、种子等植物性食物为食，繁殖期主要以昆虫为食。繁殖期 5~7 月。多营巢于各种乔木紧靠主干的分枝处。

保护区分布：冬季迁徙期见于下渡沟，偶见。

雄鸟　张永 拍摄

雌鸟　杨楠 拍摄

218. 白斑翅拟蜡嘴雀

学名： *Mycerobas carnipes*　　　　**英文名：** White-winged Grosbeak　　　　**藏语音译：** 纳衣格色

识别特征： 体长 22~23 cm。喙粗大，尾呈叉状。雄鸟整个头、颈、背、胸几乎全为黑色，两翅和尾黑色，翅上大覆羽和内侧飞羽外翈及尖端黄色，初级飞羽外翈中部在翅上形成白斑。雌鸟和雄鸟相似，但黑色部分为灰褐色，下背常沾绿色，黄色部分亦较浅淡。虹膜褐色或红褐色，喙黑褐色、灰褐色或淡紫褐色，跗跖肉黄色或淡粉褐色。

生境与习性： 主要栖息于针叶林和林线以上灌丛中。常单独或成对活动，秋冬季节多成 3~5 只的小群。以云杉、柏树、松树等树木的种子、坚果等植物性食物为食，也取食少量农作物种子和昆虫。繁殖期 5~8 月。营巢于乔木或灌木上。

保护区分布： 见于扎嘎寺附近，偶见。

雌鸟 杨楠 拍摄　　　　　　　　　　　　　　雄鸟 张永 拍摄

219. 灰头灰雀

学名： *Pyrrhula erythaca*　　　　**英文名：** Gray-headed Bullfinch　　　　**藏语音译：** 贡衣俄吓

识别特征： 体长 14~16 cm。雄鸟的喙周围和眼周黑色，并具灰白色边缘，头顶、后颈、背及肩均为灰色，腰白色，两翅及尾羽黑色，具铜蓝色金属光泽，喉及上胸棕灰色，下胸、腹及两胁橙红色。雌鸟体羽较暗淡，下体无红色而为葡萄褐色或棕褐色，上体亦沾葡萄褐色，中覆羽和大覆羽端斑偏棕色，其余体羽与雄鸟相似。虹膜褐色，喙黑色，跗跖淡肉褐色。

生境与习性： 栖息于针叶林、针阔混交林、林缘灌丛和竹丛中。除繁殖期单独或成对活动外，其他季节多成家族群或 5~6 只的小群活动，有时亦见 10~20 只的大群。主要以植物果实和种子为食，也取食部分昆虫和其他小型无脊椎动物等动物性食物。多营巢于灌木、小乔木或针叶树的侧枝上。

保护区分布： 见于下渡沟和格西沟，较常见。

雄鸟　张永 拍摄　　　　　　　　　雌鸟　杨楠 拍摄

220. 暗胸朱雀

学名： *Procarduelis nipalensis*　　**英文名：** Dark-breasted Rosefinch　　**藏语音译：** 贡衣仲康

识别特征： 体长 14~15 cm。雄鸟额至头顶前部及眉纹玫红色，贯眼纹暗红褐色，头顶后部至枕深红色，上体和两翅及尾暗褐色而羽缘沾红色，颏、喉和腹粉红色，胸褐红色，形成一宽阔的胸带将喉部和腹部分开。雌鸟上体暗褐色或橄榄褐色，羽缘沾棕色，下体赭褐色或棕褐色。虹膜褐色或暗褐色，喙暗褐色，下喙颜色较淡，跗跖肉褐色或褐色。

生境与习性： 栖息于海拔 3 000~4 500 m 的高山灌丛和针阔混交林及阔叶林中。常单独或成对活动，秋冬季多成 3~5 只或 7~8 只的小群，有时亦集成大群觅食。主要以果实和种子等植物性食物为食，也取食昆虫等动物性食物。营巢于石隙中。

保护区分布： 见于格西沟，少见。

杨楠 拍摄

221. 林岭雀

学名： *Leucosticte nemoricola*　　　　**英文名：** Plain Mountain Finch　　　　**藏语音译：** 贡衣

识别特征： 体长 14~17 cm。雌雄相似。额、头顶及枕暗褐色，具鳞状斑。肩、背暗褐色，腰暗灰色，尾上覆羽黑褐色，两翅和尾暗褐色。头侧土黄色。下体灰白色，胸侧及两胁具不明显的暗褐色纵纹。虹膜褐色或红褐色，喙淡褐色或褐色，跗跖褐色或暗褐色。

生境与习性： 栖息于林线以上、永久雪线以下的高山和亚高山草甸、灌丛和林缘地带。常单独或成对活动，也成 3~5 只或 6~7 只的小群，冬季有时也见数十只甚至上百只的大群。以各种高山植物种子为食，也取食植物叶、芽和花蕾，繁殖期间也取食少量昆虫。繁殖期 6~8 月。营巢于岩壁或石头缝隙中或洞中，也利用哺乳动物废弃的洞穴。

保护区分布： 见于剪子弯山，偶见。

杨楠 拍摄

集群的林岭雀 杨楠 拍摄

杨楠 拍摄　　　　　　　张永 拍摄

222. 高山岭雀

学名： *Leucosticte brandti*　　　**英文名：** Brandt's Mountain Finch　　　**藏语音译：** 贡衣俄纳

识别特征： 体长 15~17 cm。雌雄相似。前额、头顶前部、眼先、眼周和脸颊黑色。头顶后部、枕、后颈和上背灰褐色，具淡色羽缘。下背、肩灰褐色，腰褐色或暗褐色。尾黑褐色具棕白色羽缘。颏、喉、胸、腹灰褐色。虹膜褐色，喙和跗跖黑色。

生境与习性： 常栖息在林线以上的高山裸岩地带。常成几只至十多只的小群，有时也单独或成对活动。主要以高山植物种子为食，也取食果实和叶芽。繁殖期 6~8 月。营巢于岩坡或岩石下的缝隙中，也营巢于啮齿动物的洞穴或岩石堆中。

保护区分布： 见于剪子弯山，偶见。

雄鸟　李斌 拍摄　　　　　　　　　　　　雌鸟　周华明 拍摄

223. 普通朱雀

学名： *Carpodacus erythrinus*　　　**英文名：** Common Rosefinch　　　**藏语音译：** 贡衣马马

识别特征： 体长 13~16 cm。雄鸟额至枕深红色，背、肩和翼上覆羽橄榄褐色沾红色，腰及尾上覆羽深红色，两翅及尾羽暗褐色，眼先、耳羽褐色，颏、喉及上胸洋红色，下腹及尾下覆羽白色并沾红色。雌鸟上体橄榄褐色，具纵纹，大、中覆羽羽端近白色，下体污白色沾黄色，颏至胸具暗色纵纹。虹膜暗褐色，喙褐色，下喙颜色较淡，跗跖褐色。

生境与习性： 主要栖息于海拔 1 000 m 以上的针叶林、针阔混交林及林缘地带。常单独或成对活动，非繁殖期则多成几只至十余只的小群活动和觅食。主要以果实、种子、花序、芽苞、嫩叶等植物性食物为食，繁殖期间也取食部分昆虫。繁殖期 5~7 月。营巢于灌木和小乔木上。

保护区分布： 见于扎嘎寺、格西沟和下渡沟，较常见。

雄鸟　张永 拍摄

224. 拟大朱雀

学名：*Carpodacus rubicilloides*　　**英文名**：Streaked Rosefinch　　**藏语音译**：贡衣破马

识别特征：体长 17~20 cm。雄鸟额、头顶、枕、头侧、颊和耳覆羽深红色具窄而尖的银白色条纹或斑点，头顶后部、枕、后颈浅粉色具暗褐色纵纹，背、肩和两翅覆羽灰褐色并具黑褐色纵纹，腰玫红色，尾上覆羽灰褐色，颏、喉深红色，其余下体粉色具白色斑点。雌鸟上体灰褐色、下体皮黄色，均具黑色纵纹。虹膜暗褐色，喙褐色，跗跖暗褐色。

生境与习性：栖息在林线以上至雪线附近的高山灌丛、草地、有稀疏植物的裸岩生境。常单独或成对活动，有时亦成小群。主要以植物种子为食，也取食植物嫩芽、嫩叶、果实和农作物等植物性食物。繁殖期 6~9 月。营巢在低矮灌木或小乔木上。

保护区分布：冬季见于扎嘎寺附近草地，偶见。

雄鸟 杨楠 拍摄

雌鸟 周华明 拍摄

雄鸟 周华明 拍摄

雄鸟　杨楠 拍摄

225. 曙红朱雀

学名： *Carpodacus waltoni*　　**英文名：** Pink-rumped Rosefinch　　**藏语音译：** 贡衣破马

识别特征： 体长 13~15 cm。雄鸟额暗红色，眉纹、脸颊和腰玫瑰粉色，其余上体红褐色，具暗褐色纵纹，两翅黑褐色，翅上覆羽和初级飞羽外翈玫红色，次级飞羽外翈具宽的淡黄色羽缘，下体从颏、喉一直到尾下覆羽为玫瑰粉色。雌鸟上体灰褐色或皮黄色、具黑褐色纵纹，下体淡皮黄色或皮黄白色、具细的黑褐色纵纹。虹膜褐色或细褐色，喙褐色或深褐色，下喙稍淡，跗跖肉色或肉褐色。

生境与习性： 栖息于海拔 3 000~4 500 m 的高山灌丛、针阔混交林和河滩阔叶林中。常单独或成对活动，非繁殖期亦常集成 5~7 只至 10 余只的小群。以各种草籽为食。繁殖期 7~8 月。

保护区分布： 见于扎嘎寺，偶见。

雄鸟　惠营 拍摄

雄鸟　周华明 拍摄

雌鸟　杨楠 拍摄

雌鸟　杨楠 拍摄　　　　　　　　　　　　　　　　雄鸟　杨楠 拍摄

226. 红眉朱雀

学名：*Carpodacus pulcherrimus*　　**英文名**：Himalayan Beautiful Rosefinch　　**藏语音译**：贡衣米马

识别特征：体长 14~15 cm。雄鸟额、眉纹、颊、耳羽和腰玫红色，额基和眉纹微具珍珠光泽，头顶和其余上体灰褐色，具较粗的灰褐色纵纹，两翅和尾黑褐色，翅上有两道不明显的玫红色翼斑，下体玫红色。雌鸟上体灰褐色、具暗褐色纵纹，下体淡黄白色或灰褐白色，亦具暗褐色纵纹，两翅和尾黑褐色。虹膜暗褐色或红褐色，喙暗褐色或褐色，下喙较淡，跗跖肉色或褐色。

生境与习性：多栖息于海拔 2 000~4 000 m 的灌丛、草地和有稀疏植物的裸岩生境。常单独或成对活动，冬季亦成群。主要以草籽为食，也取食浆果、嫩芽和农作物种子等植物性食物。繁殖期 5~8 月。营巢于灌木和小乔木上。

保护区分布：见于扎嘎寺、格西沟和下渡沟，极为常见。

雄鸟　李斌 拍摄　　　　　　　　　　　　雌鸟　张永 拍摄

227. 酒红朱雀

学名： *Carpodacus vinaceus*　　　　**英文名：** Vinaceous Rosefinch　　　　**藏语音译：** 贡衣马马

识别特征： 体长 13~15 cm。雄鸟眉纹粉红色，具光泽，向后伸到后颈两侧，体羽整体暗红色，腰和腹部稍浅淡，两翅及尾羽黑褐色，具暗红色羽缘，最内侧飞羽的外翈具粉红色端斑。雌鸟上体淡棕褐色具黑褐色纵纹，两翅和尾暗褐色，外翈羽缘淡棕色。下体淡褐色或赭黄色。虹膜黄褐色或暗褐色，喙褐色或黑褐色，下喙基部较淡，跗跖褐色或黄褐色。

生境与习性： 栖息于山地针叶林和针阔混交林及其林缘地带。单独或成对活动。主要以果实和种子等植物性食物为食，也取食少量昆虫。多营巢于针叶树侧枝上。

保护区分布： 见于格西沟，偶见。

雄鸟　张永 拍摄　　　　　　　　　　　　雌鸟　张永 拍摄

228. 长尾雀

学名：*Carpodacus sibiricus*　　　　**英文名**：Long-tailed Rosefinch　　　　**藏语音译**：贡衣妞仁

识别特征：体长 13~18 cm。雄鸟繁殖羽身体大部为粉红色，背具黑褐色纵纹，两翅和尾黑褐色，翅上有两道明显的白色翼斑，腰和尾上覆羽玫红色，尾黑褐色，外侧尾羽白色，下体玫红色。雌鸟上体沙褐色或浅棕黄色，具黑褐色纵纹，腰和尾上覆羽棕黄色，两翅和尾暗褐色，翅上亦具两道白斑。虹膜褐色或暗褐色，喙褐色，跗跖暗褐色或黑褐色。

生境与习性：主要栖息于丘陵和溪流边的灌丛，也见于阔叶林和针阔混交林生境。繁殖期常单独或成对活动，繁殖期后则以家族群活动。主要以草籽等植物种子为食，也取食浆果和嫩叶，繁殖期间也取食少量昆虫。繁殖期 5~7 月。多营巢于灌木上。

保护区分布：见于格西沟，少见。

雄鸟　周华明 拍摄　　　　　　　　　　　　　雌鸟　周华明 拍摄

229. 斑翅朱雀

学名：*Carpodacus trifasciatus*　　　　**英文名**：Three-banded Rosefinch　　　　**藏语音译**：贡衣旭体

识别特征：体长 17~20 cm。雄鸟前额珠白色，脸颊、颏、喉灰色并具粗的珠白色纵纹，上背深红色，腰粉红色，肩黑色具一块白斑，翅和尾黑色，胸、腹和两胁玫红色，其余下体白色。雌鸟上体灰褐色沾棕色并具黑褐色纵纹，喉、胸皮黄色具黑褐色纵纹，其余下体污灰色。虹膜暗褐色，喙褐色或暗褐色，下喙基部淡黄色，跗跖肉褐色或黄褐色。

生境与习性：栖息于针叶林、针阔混交林和阔叶林中。主要以种子和果实等植物性食物为食。繁殖期 5~7 月。

保护区分布：见于格西沟，偶见。

雄鸟　杨楠 拍摄

雌鸟　杨楠 拍摄

230. 白眉朱雀

学名： *Carpodacus dubius*　　**英文名：** Chinese White-browed Rosefinch　　**藏语音译：** 贡衣米呷

识别特征： 体长 15~17 cm。雄鸟额基、眼先深红色，眉纹珠白色沾有粉红色并具丝绢光泽，头顶至背棕褐色或红褐色、具黑褐色纵纹，头侧、颊和下体玫红色，喉和上胸具细的珠白色，腹中央白色。雌鸟上体棕褐色、具较粗的黑褐色纵纹，腰浅黄色或黄色，眉纹白色或皮黄色，下体皮黄色或污白色，具较粗的黑褐色纵纹。虹膜暗褐色，喙褐色，跗跖橄榄褐色或褐色。

生境与习性： 栖息在海拔 2 000~4 500 m 的针阔混交林、针叶林和林缘地带。繁殖期间单独或成对活动，非繁殖期则多成小群。以果实、种子、嫩芽、嫩叶等植物性食物为食。繁殖期 7~8 月。营巢于距地不高的低矮灌木上。

保护区分布： 保护区全域可见，极为常见。

231. 红眉松雀

学名： *Carpodacus subhimachala*　　**英文名：** Crimson-browed Rosefinch　　**藏语音译：** 贡衣米马

识别特征： 体长 16~21 cm。雄鸟前额、眉纹、颏、喉深红色，眼先至眼后灰褐色，头顶至背包括翅上覆羽褐色，具宽的暗红色或橄榄绿色羽缘，腰和尾上覆羽橙红色，两翅和尾黑褐色或褐色，外翈羽缘红色或橄榄绿黄色，喉、胸红色具白色斑点，其余下体灰褐色。雌鸟额和眉纹橙黄色，颊、喉、胸亦为橙黄色，其余和雄鸟相似。虹膜红褐色或淡褐色，喙肉褐色或褐色，跗跖淡褐色或肉褐色。

生境与习性： 栖息于针叶林和针阔混交林及其森林上缘的矮树丛、杜鹃灌丛、竹丛和草地。常单独或成对活动，秋冬季节亦喜成群。主要以草籽为食，也取食浆果等果实。

保护区分布： 见于下渡村和县城附近，少见。

雄鸟　杨楠 拍摄

雌鸟　李斌 拍摄

232. 金翅雀

学名：*Chloris sinica*　　　　**英文名**：Grey-capped Greenfinch　　　　**藏语音译**：细切巴旭色

识别特征：体长 12~14 cm。雄鸟头顶至后颈灰褐色，背、肩及内侧覆羽橄榄褐色，腰黄绿色，尾羽黑褐色，两翅大部黑色，外侧飞羽基段鲜黄色，形成显著的翼斑，飞行时明显，眼先及眼周黑褐色，颊和眉纹橄榄黄色，颏和喉黄绿色，胸、上腹和两胁暗棕黄色，下腹黄白色，尾下覆羽黄色。雌鸟头顶具暗色轴纹，上体羽色较雄鸟浅淡，下体黄色较雄鸟少。虹膜栗褐色，喙黄褐色或肉黄色，跗跖淡棕色或淡灰色。

生境与习性：主要栖息于丘陵、平原等开阔地带。主要以植物果实、种子和农作物为食。繁殖期 3~8 月。营巢于乔木或灌木侧枝上。

保护区分布：见于下渡村，较常见。

233. 黄嘴朱顶雀

学名：*Linaria flavirostris*　　　　　　**英文名**：Twite　　　　　　**藏语音译**：贡序曲色

识别特征：体长 12~15 cm。雌雄相似。额、头顶、枕、后颈以及背和肩等棕褐色。腰繁殖期淡红色，非繁殖期皮黄色。尾黑褐色具白色羽缘。翼上覆羽褐色。颏、喉和上胸沙棕褐色，具黑褐色纵纹，其余下体灰白色或白色，具黑褐色纵纹。虹膜暗褐色，喙颜色较淡，冬季黄色，夏季灰色，跗跖黑褐色或黑色。

生境与习性：主要栖息于海拔 3 000 m 以上的高山灌丛、草甸，也栖息于有稀疏植物生长的多岩生境。性喜成群，除繁殖期成对活动外，其他季节多成几只至 10 余只的小群。主要以草籽和其他植物种子为食，也取食部分昆虫和农作物种子。繁殖期 6~8 月。营巢于低矮灌木上。

保护区分布：见于剪子弯山，较常见。

雄鸟　杨楠 拍摄

234. 红交嘴雀

国家二级重点保护野生动物

学名： *Loxia curvirostra*　　**英文名：** Red Crossbill　　**藏语音译：** 贡衣马马

识别特征： 体长 15~17 cm。上下喙交叉。雄鸟繁殖羽额、头至后颈朱红色，眼先、眼周、耳羽暗褐色或暗赤褐色，耳羽前至喙基部有一朱红色斑，背、肩、颈侧灰褐色，腰和尾上覆羽亮红色，颏、喉、胸、上腹和两胁朱红色。雌鸟上体灰褐色具暗色纵纹，头顶和腰沾黄绿色，下体灰白色，喉、胸和两胁沾黄绿色。虹膜暗褐色或黑褐色，喙黑褐色或褐色，边缘黄褐色，跗跖黑褐色或黄褐色。

生境与习性： 栖息于山地针叶林和以针叶树为主的针阔混交林中。性活跃，喜集群，除繁殖期间单独或成对活动外，其他季节多成群。飞行时两翅扇动有力，速度快，呈浅波浪式。主要以落叶松、云杉、冷杉、赤松等针叶树种子为食。繁殖期 5~8 月。营巢于杨树或松树侧枝上。

保护区分布： 见于扎嘎寺附近林区，少见。

雄鸟　李斌 拍摄

雌鸟　胡运彪 拍摄

235. 藏黄雀

学名： *Spinus thibetanus*　　　　**英文名：** Tibetan Siskin　　　　**藏语音译：** 贡衣破色

识别特征： 体长 10~12 cm。雄鸟眼先、眉纹、枕、后颈为黄色，其余上体橄榄绿色或亮黄绿色，腰和尾上覆羽亮黄色，尾黑褐色，下体深黄色或黄色，颈侧和两胁缀橄榄绿色，腋羽和翅下覆羽黄白色。雌鸟和雄鸟相似，但羽色较暗淡，上体具暗色纵纹，下体近白色亦具暗色纵纹。虹膜暗褐色或褐色，喙暗褐色，下喙基部淡黄色，跗跖灰褐色或暗褐色。

生境与习性： 主要栖息于针叶林和以针叶树为主的针阔混交林、常绿阔叶林和林缘地带。性活泼。主要以果实、种子和芽苞等植物性食物为食，也取食昆虫等动物性食物。繁殖期 5~7 月。多营巢于针叶树茂密的侧枝上。

保护区分布： 见于扎嘎寺附近林区，偶见。

雄鸟　杨楠 拍摄

雌鸟　张永 拍摄

236.灰眉岩鹀

学名: *Emberiza godlewskii*　　**英文名:** Godlewski's Bunting　　**藏语音译:** 细切巴米吓

识别特征: 体长 15~17 cm。雄鸟头顶中央蓝灰色, 具栗色侧冠纹, 背沙褐色, 具黑褐色纵纹, 尾羽黑褐色, 最外侧两对尾羽具楔状白斑, 两翅黑褐色, 大、中覆羽具白色羽端, 形成两道翼斑, 贯眼纹和颊纹黑色, 眉纹、颈侧及颏至上胸蓝灰色, 下体余部肉桂色。雌鸟与雄鸟相似, 但羽色浅淡。虹膜褐色或暗褐色, 喙黑褐色, 下喙较淡, 跗跖肉色。

生境与习性: 栖息于开阔地带的岩石荒坡、草地和灌丛中。常成对或单独活动, 非繁殖季节成 5~8 只或 10 多只的小群, 有时亦集成 40~50 只的大群。主要以果实、种子和农作物等植物性食物为食, 也取食昆虫等动物性食物。繁殖期 4~7 月。多营巢于草丛或灌丛中的地面浅坑内, 也营巢于小灌木上。

保护区分布: 保护区全域可见, 常见。

杨楠 拍摄

杨楠 拍摄

237. 小鹀

学名：*Emberiza pusilla*　　英文名：Little Bunting　　藏语音译：切巴穷穷、细勒穷穷

识别特征：体长 12~14 cm。雌雄相似。头顶中央栗红色，两侧从喙基部至枕黑色，呈宽带状。肩及背赭黄色，尾羽黑褐色，外侧两对尾羽具楔状白斑，两翅黑褐色。眼先及眉纹棕色，耳羽暗棕色。颏、喉淡棕色，下体余部灰白色，具黑色纵纹。虹膜褐色或黑褐色，上喙黑褐色，下喙灰褐色，跗跖肉色或肉褐色。

生境与习性：主要栖息于开阔地带，尤喜稀疏林地和灌丛生境。除繁殖期间成对或单独活动外，其他季节多成小群分散活动。主要以种子和果实等植物性食物为食，也取食昆虫等动物性食物。繁殖期 6~7 月。营巢于草丛或灌丛中。

保护区分布：见于下渡村，较常见。

雄鸟　曹勇刚 拍摄

238. 三道眉草鹀

学名： *Emberiza cioides*　　　**英文名：** Meadow Bunting　　　**藏语音译：** 细勒、切巴

识别特征： 体长 15~18 cm。雄鸟头顶、后颈栗色，眉纹和颊纹白色，眼先和下颊纹黑色，背、肩栗褐色具黑色纵纹，两翅和尾黑褐色，外侧尾羽白色，颏、喉白色或灰白色，胸栗色，下胸和两胁棕色，腹和尾下覆羽沙黄色。雌鸟眉纹皮黄色，耳羽浅棕色，其余同雄鸟。虹膜暗褐色，喙黑色，跗跖肉色。

生境与习性： 栖息于丘陵和平原地带的阔叶林和疏林灌丛中。繁殖期间多单独或成对活动，非繁殖期多成家族群或小群活动。繁殖期主要以昆虫为食，非繁殖期主要以草籽等植物性食物为食。繁殖期 5~7 月。营巢于地面或灌木上。

保护区分布： 见于下渡沟沟口、雅砻江边，偶见。

雄鸟 李斌 拍摄

雄鸟 杨楠 拍摄

239. 黄喉鹀

学名: *Emberiza elegans*　　　**英文名**: Yellow-throated Bunting　　　**藏语音译**: 细切巴格色

识别特征: 体长 13~15 cm。雄鸟额、头顶及羽冠黑色，枕及眉纹和颏、喉柠檬黄色，背及肩黑褐色，羽缘棕褐色，腰及尾上覆羽灰褐色，尾羽大部黑褐色，最外侧两对尾羽具楔状白斑，两翅暗褐色，飞羽外缘栗灰色，下体余部灰白色，胸具半月形黑斑，两胁具黑褐色纵纹。雌鸟头顶褐色，枕及眉纹和颏、喉沙黄色，胸部黑斑不显。虹膜褐色或暗褐色，喙黑褐色，跗跖肉色。

生境与习性: 栖息于低山丘陵地带的次生林、阔叶林以及针阔混交林的林缘灌丛中。繁殖期单独或成对活动，非繁殖期多成 5~10 只的小群。性活泼而胆小。主要以昆虫为食。繁殖期 5~7 月。营巢于地面草丛、树根旁以及低矮灌木上。

保护区分布: 见于格西沟、下渡沟和县城附近，较常见。

雄鸟　曹勇刚 拍摄

240. 灰头鹀

学名： *Emberiza spodocephala* 　　　**英文名：** Black-faced Bunting 　　　**藏语音译：** 且巴拉色

识别特征： 体长 14~15 cm。雄鸟喙基部、眼先和颊黑色，头、颈、颏、喉和上胸灰色而沾黄绿色，上体橄榄褐色具黑褐色纵纹，两翅和尾黑褐色，中覆羽和大覆羽具棕白色端斑，形成两道淡色翼斑，胸黄色，腹至尾下覆羽黄白色。雌鸟头和上体灰褐色，具黑色纵纹，有一皮黄色眉纹，下体白色或黄色，喙基部、眼先、颊、颏不为黑色，其余同雄鸟。虹膜暗褐色，上喙褐色或黑褐色，下喙黄褐色，跗跖淡黄色或淡黄褐色。

生境与习性： 栖息于林缘灌丛和稀树草坡等生境。主要以昆虫和其他小型无脊椎动物为食，也取食果实和种子等植物性食物。繁殖期 5~7 月。多营巢于灌木上。

保护区分布： 见于下渡村，偶见。

学名索引

中文名索引

英文名索引

图书在版编目(CIP)数据

四川格西沟国家级自然保护区常见鸟类识别手册/
杨楠,刘娇主编.—北京:商务印书馆,2022
ISBN 978-7-100-21597-8

Ⅰ.①四… Ⅱ.①杨…②刘… Ⅲ.①自然保护区—
鸟类—雅江县—手册 Ⅳ.①Q959.708-62

中国版本图书馆 CIP 数据核字(2022)第 152376 号

四川格西沟国家级自然保护区常见鸟类识别手册
杨楠 刘娇 主编

商 务 印 书 馆 出 版
(北京王府井大街 36 号 邮政编码 100710)
商 务 印 书 馆 发 行
北京雅昌艺术印刷有限公司印刷
ISBN 978-7-100-21597-8

2022 年 10 月第 1 版 开本 880×1240 1/32
2022 年 10 月北京第 1 次印刷 印张 9¼
定价:128.00 元